青藏公路沿线常见草地植物图集

王志伟　岳广阳　赵 林　等 主编

中国农业科学技术出版社

图书在版编目（CIP）数据

青藏公路沿线常见草地植物图集 / 王志伟，岳广阳，赵林等主编．— 北京：中国农业科学技术出版社，2019.5

ISBN 978-7-5116-4039-0

Ⅰ．①青… Ⅱ．①王…②岳…③赵… Ⅲ．①青藏高原—草地—植物—图集 Ⅳ．① Q948.52-64

中国版本图书馆 CIP 数据核字（2019）第 022479 号

责任编辑 李冠桥
责任校对 贾海霞
出 版 者 中国农业科学技术出版社
北京市中关村南大街 12 号 邮编：100081
电 话 （010）82109705（编辑室） （010）82109702（发行部）
（010）82109709（读者服务部）
传 真 （010）82106625
网 址 https://www.castp.cn
经 销 者 全国各地新华书店
印 刷 者 北京建宏印刷有限公司
开 本 787mm × 1092mm 1/16
印 张 17.875
字 数 450 千字
版 次 2019 年 5 月第 1 版 2019 年 5 月第 1 次印刷
定 价 108.00 元

《青藏公路沿线常见草地植物图集》

主　编：王志伟　岳广阳　赵　林　李长斌

王　茜　吴晓东　杜二计　王普昶

副主编：宜树华　张志新　王小利　吴佳海

张　文　秦　彧　张　涛　宋雪莲

阮玺睿

参　编：谢彩云　史健宗　钟　理　陈　莹

丁磊磊　李世歌　陈　伟　雷　霞

内容简介

植被是生态系统中最重要的构成要素之一，草地植被则是高海拔多年冻土区的主要植物物种。针对青藏高原多年冻土区生态系统的研究，高寒草地是必不可少的信息载体。而此信息载体中，"识花认草"是必不可少的基本环节。但是，现有的植物图集多是通过一两张植物种照片来完成"识花认草"这一过程。对于专业学者意义重大，而对于其他非专业的学者来讲，仅通过一两张照片来识别植物还是存在一定难度。本书主要针对多年冻土区的青藏公路沿线常见植物物种进行展示，期望通过不同拍摄角度的照片来"识花认草"，为非植物分类学专业的学者和工作人员提供更加有效的识别手册。同时，本书也可为青藏高原多年冻土区，特别是青藏公路沿线的生态环境研究提供基础资料。

作者简介

王志伟，内蒙古自治区杭锦后旗人，1983 年 12 月生，地理学博士，副研究员，现就职于贵州省农业科学院草业研究所园林生态室，同时在中国科学院西北生态环境资源研究院（原中国科学院寒区旱区环境与工程研究所）冰冻圈科学国家重点实验室青藏高原冰冻圈观测研究站（藏北高原冰冻圈国家野外科学观测研究站）进行博士后研究工作。长期从事高原地区高寒草地生态系统的研究工作，攻读博士期间，在导师主持的科技部基础性工作专项“青藏高原多年冻土本底调查项目”支持下，完成了“青藏高原多年冻土区植被类型分布图”，并将该成果发表于《Journal of Mountain Science》，同时在 www.crs.ac.cn 网站中进行了共享。工作后，继续针对青藏高原多年冻土高寒草地生态系统进行研究，并申报发明专利 1 项、主持 2 项国家自然科学基金、2 项国家级人才项目和 2 项省级项目，同时利用主持项目组织编撰专著 2 部，发表论文 30 余篇（第一作者 8 篇，通讯作者 2 篇）。

作者简介

岳广阳，男，汉族，生于1981年5月，获生态学博士学位，山东平邑人，博士，助理研究员。长期从事青藏高原多年冻土生态学研究工作，现就职于中国科学院西北生态环境资源研究院（原中国科学院寒区旱区环境与工程研究所）冰冻圈科学国家重点实验室青藏高原冰冻圈观测研究站（藏北高原冰冻圈国家野外科学观测研究站），主持完成了国家自然科学基金青年项目“高寒植物群落根系分布和格局对多年冻土活动层水热过程的响应”（41101055）、科技部基础性工作专项“青藏高原多年冻土本底调查”项目课题“青藏高原多年冻土区植被调查”（2008FY110200-06）和中科院寒旱所人才基金项目“青藏高原西大滩植被生态系统稳定性与多年冻土变化的关系”（O984891001），现在研面上项目“多年冻土冻融作用对高寒植物细根动态和周转的影响”（41571075）。发表文章20余篇，获得发明专利1项，参与专著编写4部。

作者简介

赵林，男，生于1966年8月，教授，博士生导师，南京信息工程大学地理科学学院。主要从事多年冻土分布与特征、冻土水热物理过程、多年冻土与全球变化、多年冻土与生态相互作用、多年冻土区土壤等方面的研究工作。主要成果包括建立了我国西部高山区多年冻土监测网络；评估了我国多年冻土区地下冰的分布、储量及近几十年来的变化特征；揭示了冻融过程中多年冻土活动层的水热动态耦合过程及其物理机制；探讨了多年冻土区土壤和生态特征及地气间能水平衡过程。发表论文200余篇，其中SCI文章100余篇，主笔完成专著2部，参与10余部。主持完成国家基础性工作专项“青藏高原多年冻土本底调查”项目，以及国家自然科学基金重点项目和面上项目各1项，作为学术骨干主持973专题2项。

资助项目

1. 多年冻土区不同高寒草地地表沉降差异分析及影响机制研究（国家自然科学基金青年科学基金项目 41701077）

2. 多年冻土冻融作用对高寒植物细根动态和周转的影响（国家自然科学基金面上项目 41571075）

3. 青藏高原多年冻土本底调查（国家科技基础性工作专项项目 2008FY110200)

4. 青藏高原多年冻土区高分辨率植被类型空间分布模拟方法研究（国家自然科学基金地区科学基金项目 41861016）

5. 喀斯特山区草地生产力监测数字化管理技术研究与应用（贵州省科技计划项目黔科合支撑 [2017]2594）

6. 高光谱遥感技术评价牧草饲用价值的研究（贵州省科技计划项目黔科合支撑 [2018]2371）

编写组成员隶属人才培育项目

1. 贵州省科技创新人才团队建设项目“贵州省喀斯特山区草地培育与养殖管理科技创新人才团队”（黔科合平台人才 [2016]5617）

2. 国家公派留学基金项目（资助证书编号：201808520022）

3. 贵州省高层次创新型人才百层次人才项目（黔科合平台人才 [2018]5634）

4. 喀斯特地区放牧草地生产力提升的生物学基础研究（贵州省优秀青年科技人才培养对象专项黔科合人字 [2015]02）

前　言

青藏高原是一个经历了长期复杂地质作用过程（印度板块与欧亚板块新生代碰撞）的多阶段拼合体，拥有世界上面积最大的高海拔区域，被认为"世界第三极"。随着全球气候变暖趋势的日益严峻，多年冻土出现大面积退化现象。冻土退化和人类活动共同作用进一步引起对冻土环境稳定性的破坏，该过程会诱发多年冻土热融作用，严重威胁到寒区工程建筑和冻土生态环境，如热融滑塌、热融洼地、热融湖塘、融冻泥流和热融沉陷等现象的发生。

值得注意的是，高原多年冻土区具有独特的高寒环境，包括各种高寒草地植物，不同植物的生物量、植被覆盖度、草地斑块破碎程度和地球生物化学成分也并不一致，对冻土环境水、热状况的变化和分布产生的作用也不同。而在对高寒草地植物进行研究时，"识花认草"也就成为了研究高原多年冻土区高寒草地系统的入门功课，同样对于广大非植物分类学专业的科研工作者来说，也属于一门难点功课。

为了让非植物分类学的广大高寒生态系统专家和学者能够快速认识和辨析多年冻土区的高寒草地植物，编写组在中国科学院西北生态环境资源研究院、贵州省农业科学院、兰州大学和贵州大学等多家单位的大力支持下，在青藏公路沿线采集常见植物标本50余种，拍摄植物照片3000余张，并经过分类鉴定、验证、精选了300余张植被照片汇集于《青藏公路沿线常见草地植物图集》。

本图集主要为非植物分类学的专家和学者提供多角度、多图像的识别手册，相比已有的植被图集算是一个新的尝试，由于作者经验不足、水平有限，如有纰漏，望各位读者不吝指正！

编写组

2019年1月于美国得克萨斯大学

目 录

西藏嵩草(又称藏嵩草)

Kobresia tibetica Maxim.

被子植物门 Angiospermae

单子叶植物纲 Monocotyledoneae

莎草目 Cyperales

莎草科 Cyperaceae

薹草亚科 Caricoideae

薹草族 Cariceale

嵩草属 *Kobresia*

单穗嵩草组 *Sect. Elyna*

根状茎短。秆密丛生，纤细，高 20~50 厘米，粗 1~1.5 毫米，稍坚挺，钝三棱形，基部具褐色至褐棕色的宿存叶鞘。叶短于秆，丝状，柔软，宽不及 1 毫米，腹面具沟。穗状花序椭圆形或长圆形，长 1.3~2 厘米，粗 3~5 毫米；支小穗多数，密生，顶生的雄性，侧生的雄雌顺序，在基部雌花之上具 3~4 朵雄花。鳞片长圆形或长圆状披针形，长 3.5~4.5 毫米，顶端圆形或钝，无短尖，膜质，背部淡褐色、褐色至栗褐色，两侧及上部均为白色透明的薄膜质，具 1 条中脉。先出叶长圆形或卵状长圆形，长 2.5~3.5 毫米，膜质，淡褐色，在腹面边缘分离几至基部，背面无脊无脉，顶端截形或微凹。小坚果椭圆形，长圆形或倒卵状长圆形，扁三棱形，长 2.3~3 毫米，成熟时暗灰色，有光泽，基部几无柄，顶端骤缩成短喙；花柱基部微增粗，柱头 3 个。花果期 5—8 月。

产于甘肃、青海、四川西部、西藏自治区（全书简称西藏）东部；生于河滩地、湿润草地、高山灌丛草甸，海拔 3000~4600 米。

引自 2000 年《中国植物志》第 12 卷 033 页

1. 手持拍摄

2.植株整体特写

粗壮嵩草

Kobresia robusta Maxim.

被子植物门 Angiospermae

单子叶植物纲 Monocotyledoneae

莎草目 Cyperales

莎草科 Cyperaceae

薹草亚科 Caricoideae

薹草族 Cariceale

嵩草属 *Kobresia*

单穗嵩草组 *Sect. Elyna*

根状茎短。秆密丛生，粗壮，坚挺，高 15~30 厘米，粗 2~3 毫米，圆柱形，光滑，基部具淡褐色的宿存叶鞘。叶短于秆，对折，宽 1~2 毫米，质硬，腹面有沟，平滑，边缘粗糙。穗状花序圆柱形，粗壮，长 2~8 厘米，粗 7~10 毫米；支小穗多数，通常上部的排列紧密，下部的较疏生，顶生的雄性，侧生的雄雌顺序，在基部雌花之上具 3~4 朵雄花。鳞片卵形、宽卵形、长圆形或卵状披针形，长 6~10 毫米，顶端圆或钝，厚纸质，两侧淡褐色，少有褐色或深褐色，具宽的白色膜质边缘，中间淡黄绿色，有 3 条脉。先出叶囊状，椭圆形至卵状披针形，长 8~10 毫米，厚纸质，淡褐色或褐色，在腹面，边缘连合至中部或中部以上，背面具平滑的、不甚明显的 2 脊，脊间具 4~5 条脉，上部渐狭成短喙或中等长的喙，喙口斜，白色膜质。小坚果椭圆形或长圆形，三棱形，棱面平或凹，长 4~7 毫米，成熟时黄绿色，基部具短柄，顶端无喙；花柱基部稍增粗，柱头 3 个。花果期 5—9 月。

产于甘肃、青海、西藏；生于高山灌丛草甸、沙丘或河滩沙地，海拔 2900~5300 米。

引自 2000 年《中国植物志》第 12 卷 039 页

1. 手持拍摄

2. 植株整体特写

3. 植株远景特写

青藏薹草

Carex moorcroftii Falc. ex Boott

被子植物门 Angiospermae

单子叶植物纲 Monocotyledoneae

莎草目 Cyperales

莎草科 Cyperaceae

薹草亚科 Caricoideae

薹草族 Cariceale

薹草属 Carex

薹草亚属 *Subgen. Carex*

黑穗苔草组 *Sect. Atratae*

匍匐根状茎粗壮，外被撕裂成纤维状的残存叶鞘。秆高 7~20 厘米，三棱形，坚硬，基部具褐色分裂成纤维状的叶鞘。叶短于秆，宽 2~4 毫米，平张，革质，边缘粗糙。苞片刚毛状，无鞘，短于花序。小穗 4~5 个，密生，仅基部小穗多少离生；顶生 1 个雄性，长圆形至圆柱形，长 1~1.8 厘米；侧生小穗雌性，卵形或长圆形，长 0.7~1.8 厘米；基部小穗具短柄，其余的无柄。雌花鳞片卵状披针形，顶端渐尖。长 5~6 毫米，紫红色，具宽的白色膜质边缘。果囊等长或稍短于鳞片，椭圆状倒卵形，三棱形，革质，黄绿色，上部紫色，脉不明显，顶端急缩成短喙，喙口具 2 齿。小坚果倒卵形，三棱形，长 2~2.3 毫米；柱头 3 个。花果期 7—9 月。

产于青海、四川西部、西藏；生于高山灌丛草甸、高山草甸、湖边草地或低洼处，海拔 3400~5700 米。分布于印度。

引自 2000 年《中国植物志》第 12 卷 107 页

1. 手持拍摄

2.植株整体特写

3. 植株俯瞰

4. 植株远景特写

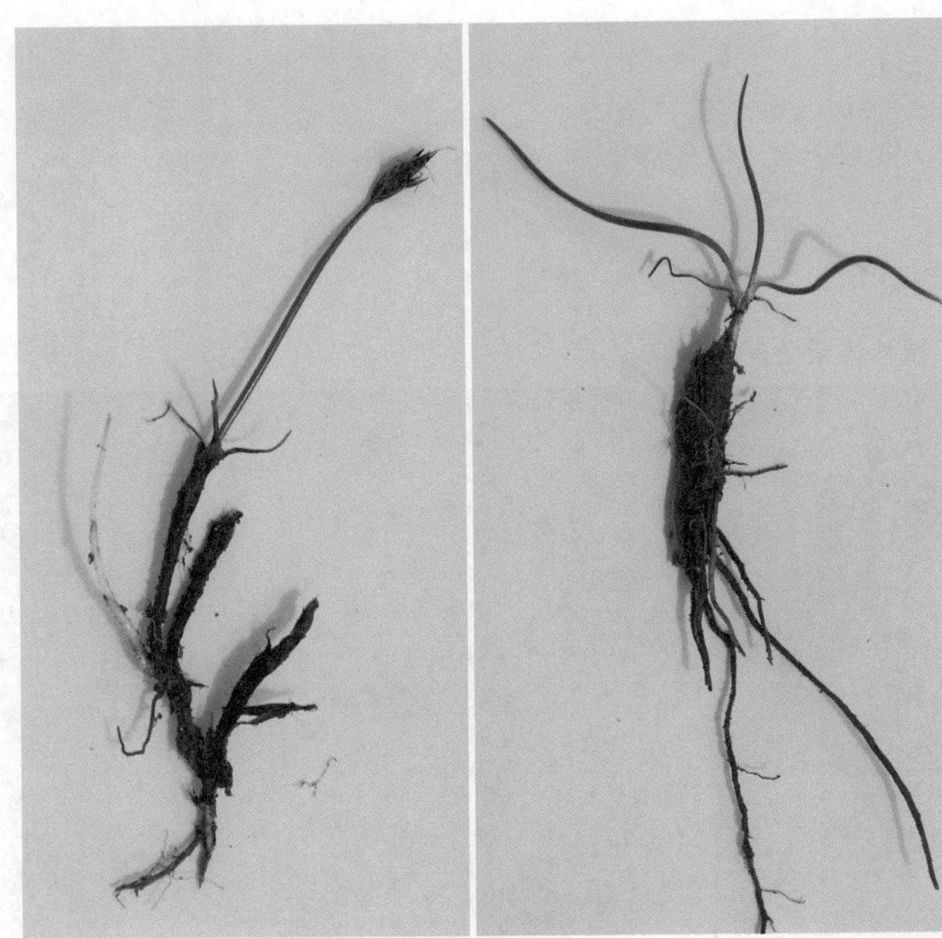

华扁穗草

Blysmus sinocompressus Tang et Wang

被子植物门 Angiospermae

单子叶植物纲 Monocotyledoneae

莎草目 Cyperales

莎草科 Cyperaceae

藨草亚科 Scirpoideae

藨草族 *Scirpeae*

扁穗草属 *Blysmus*

多年生草本，有长的匍匐根状茎，黄色，光亮，有节，节上生根，长 2~7 厘米，直径 2.5~3.5 毫米，鳞片黑色；秆近于散生，扁三稜形，具槽，中部以下生叶，基部有褐色或紫褐色老叶鞘，高 5~20（26）厘米。叶平张，边略内卷并有疏而细的小齿，渐向顶端渐狭，顶端三稜形，短于秆，宽 1~3.5 毫米；叶舌很短，白色，膜质。苞片叶状，一般高出花序；小苞片呈鳞片状，膜质；穗状花序一个，顶生，长圆形或狭长圆形，长 1.5~3 厘米，宽 6~11 毫米；小穗 3~10 个，排列成二列或近二列，密，最下部 1 至数个小穗通常远离；小穗卵披针形、卵形或长椭圆形，长 5~7 毫米，有 2~9 朵两性花；鳞片近二行排列，长卵圆形，顶端急尖，锈褐色，膜质，背部有 3~5 条脉，中脉呈龙骨状突起，绿色，长 3.5~4.5 毫米；下位刚毛 3~6 条，卷曲，高出于小坚果约 2 倍，有倒刺；雄蕊 3，花药狭长圆形，顶端具短尖，长 3 毫米；柱头 2，长于花柱约 1 倍。小坚果宽倒卵形，平凸状，深褐色，长 2 毫米。花果期 6—9 月。

产于内蒙古自治区（全书简称内蒙古）、山西、河北、陕西、甘肃、青海、云南、四川、西藏；生长在山溪边、河床、沼泽地、草地等潮湿地区，海拔 1000~4000 米。此外，可能分布于喜马拉雅山西部以至东部地区。

引自 1961 年《中国植物志》第 11 卷 041 页

1. 植株整体特写

2. 植株俯瞰

矮生嵩草

Kobresia humilis (C. A. Mey. ex Trautv.) Sergiev

被子植物门 Angiospermae

单子叶植物纲 Monocotyledoneae

莎草目 Cyperales

莎草科 Cyperaceae

薹草亚科 Caricoideae

薹草族 Cariceale

嵩草属 *Kobresia*

单穗嵩草组 *Sect. Elyna*

根状茎短。秆密丛生，矮小，高 3~10 厘米，坚挺，钝三棱形，基部具褐色的宿存叶鞘。叶短于秆，稍坚挺，下部对折，上部平张，宽 1~2 毫米，边缘稍粗糙。穗状花序椭圆形或长圆形，长 8~17 毫米，粗 4~6 毫米；支小穗通常 4~10 个，密生，顶生的雄性，侧生的雄雌顺序，在基部雌花之上具 2~4 朵雄花；鳞片长圆形或宽卵形，长 4~5 毫米，顶端圆或钝，无短尖，纸质，两侧褐色，具狭的白色膜质边缘，中间绿色，有 3 条脉。先出叶长圆形或椭圆形，长 3.5~5 毫米，膜质，淡褐色，在腹面的边缘分离几达基部，背面具微粗糙的 2 脊，有时基部具不明显的 1~2 条脉，顶端截形。小坚果椭圆形或倒卵形，三棱形，长 2.5~3 毫米，成熟时暗灰褐色，有光泽，基部几无柄，顶端具短喙；花柱基部不增粗，柱头 3 个。花果期 6—9 月。生于亚高山草甸带山坡阳处，海拔 2500~3200 米。

引自 2000 年《中国植物志》第 12 卷 035 页

1. 手持拍摄

2. 植株俯瞰

高山嵩草(又称小嵩草)

Kobresia pygmaea C. B. Clarke

被子植物门 Angiospermae

单子叶植物纲 Monocotyledoneae

莎草目 Cyperales

莎草科 Cyperaceae

薹草亚科 Caricoideae

薹草族 Cariceale

嵩草属 *Kobresia*

异穗嵩草组 *Sect. Hemicarex*

垫状草本。秆高1~3.5厘米，圆柱形，有细棱，无毛，基部具密集的褐色的宿存叶鞘。叶与秆近等长，线形，宽约0.5毫米，坚挺，腹面具沟，边缘粗糙。穗状花序雄雌顺序，少有雌雄异序，椭圆形，细小，长3~5毫米，粗1~3毫米；支小穗5~7个，密生，顶生的2~3个雄性，侧生的雌性，少有全部为单性；雄花鳞片长圆状披针形，长3.8~4.5毫米，膜质，褐色，有3枚雄蕊；雌花鳞片宽卵形、卵形或卵状长圆形，长2~4毫米，顶端圆形或钝，具短尖或短芒，纸质，两侧褐色，具狭的白色膜质边缘，中间淡黄绿色，有3条脉。先出叶椭圆形，长2~4毫米，膜质，褐色，顶端带白色，钝，在腹面，边缘分离达基部，背面具粗糙的2脊。小坚果椭圆形或倒卵状椭圆形，扁三棱形，长1.5~2毫米，成熟时暗褐色，无光泽，顶端几无喙；花柱短，基部不增粗，柱头3个。退化小穗轴扁，长为果的1/2。

产于内蒙古、河北、山西、甘肃、青海、新疆维吾尔自治区（全书简称新疆）南部、四川、云南、西藏；生于高山灌丛草甸和高山草甸，海拔3200~5400米。在青藏高原及喜马拉雅山区常为草甸带的建群种。优良牧草。不丹、尼泊尔至克什米尔地区亦有分布。

引自2000年《中国植物志》第12卷047页

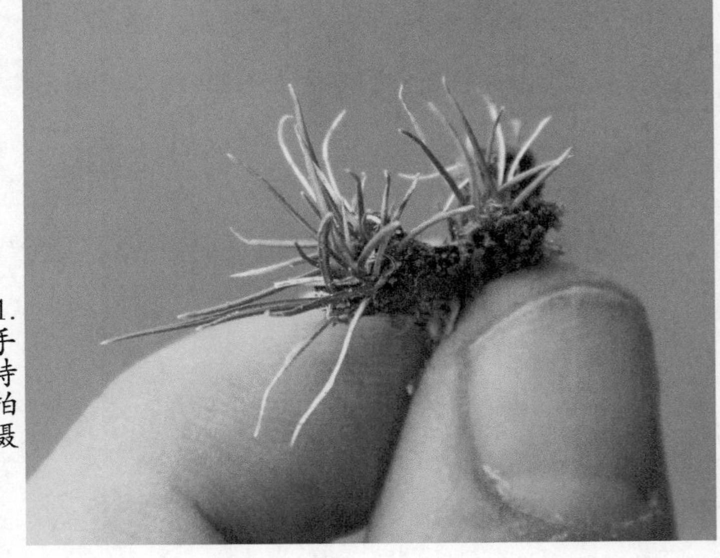

1. 手持拍摄

2. 植株俯瞰

3. 植株远景特写

白花枝子花（又称异叶青兰）

Dracocephalum heterophyllum Benth.

被子植物门 Angiospermae

双子叶植物纲 Dicotyledoneae

合瓣花亚纲 Sympetalae

管状花目 Tubiflorae

唇形科 Labiatae

野芝麻亚科 Lamioideae

荆芥族 Nepeteae

青兰属 *Dracocephalum*

香青兰亚属 *Subg. Dracocephalum*

香青兰组 *Sect. Dracocephalum*

刺齿枝子花系 *Ser. Peregrinae*

茎在中部以下具长的分枝，高10~15厘米，有时高达30厘米，四棱形或钝四棱形，密被倒向的小毛。茎下部叶具超过或等于叶片的长柄，柄长2.5~6厘米，叶片宽卵形至长卵形，长1.3~4厘米，宽0.8~2.3厘米，先端钝或圆形，基部心形，下面疏被短柔毛或几无毛，边缘被短睫毛及浅圆齿；茎中部叶与基生叶同形，具与叶片等长或较短的叶柄，边缘具浅圆齿或尖锯齿；茎上部叶变小，叶柄变短，锯齿常具刺而与苞片相似。轮伞花序生于茎上部叶腋，占长度4.8~11.5厘米，具4~8花，因上部节间变短而花又长过节间，故各轮花密集；花具短梗；苞片较萼稍短或为其之1/2，倒卵状匙形或倒披针形，疏被小毛及短睫毛，边缘每侧具3~8个小齿，齿具长刺，刺长2~4毫米。花萼长15~17毫米，浅绿色，外面疏被短柔毛，下部较密，边缘被短睫毛，2裂几至中部，上唇3裂至本身长度的1/3或1/4，齿几等大，三角状卵形，先端具刺，刺长约15毫米，下唇2裂至本身长度的2/3处，齿披针形，先端具刺。花冠白色，长（1.8）2.2~3.4（3.7）厘米，外面密被白色或淡黄色短柔毛，二唇近等长。雄蕊无毛。花期6—8月。

产于山西（神池）、内蒙古（大青山）、宁夏（贺兰山）、甘肃（兰州以西及西南），四川西北部、西部，青海，西藏及新疆（天山）；生于山地草原及半荒漠的多石干燥地区，青海、甘肃以东分布于海拔1100~2800米，以西则可达5000米，新疆则在2200~3100米。

引自1977年《中国植物志》第65（2）卷358页

1. 白纸背景

2. 植株整体特写

3. 植株俯瞰

4. 植株远景特写

火绒草

Leontopodium leontopodioides (Willd.) Beauv.

被子植物门 Angiospermae

双子叶植物纲 Dicotyledoneae

合瓣花亚纲 Sympetalae

桔梗目 Campanulales

菊科 Compositae

管状花亚科 Carduoideae

旋覆花族 Trib. Inuleae

鼠鞠草亚族 Subtrib. Gnaphalinae

火绒草属 *Leontopodium*

火绒草亚属 *Subgen. Leontopodium*

火绒草组 *Sect. Leontopodium*

火绒草亚组 *Subsect. Pseudantennaria*

多年生草本。地下茎粗壮，分枝短，为枯萎的短叶鞘所包裹，有多数簇生的花茎和根出条，无莲座状叶丛。花茎直立，高5~45厘米，较细，挺直或有时稍弯曲，被灰白色长柔毛或白色近绢状毛，不分枝或有时上部有伞房状或近总状花序枝，下部有较密、上部有较疏的叶，节间长5~20毫米，上部有时达10厘米。下部叶在花期枯萎宿存。叶直立，在花后有时开展，线形或线状披针形，长2~4.5厘米，宽0.2~0.5厘米，顶端尖或稍尖，有长尖头，基部稍宽，无鞘，无柄，边缘平或有时反卷或波状，上面灰绿色，被柔毛，下面被白色或灰白色密棉毛或有时被绢毛。苞叶少数，较上部叶稍短，常较宽，长圆形或线形，顶端稍尖，基部渐狭两面或下面被白色或灰白色厚茸毛，与花序等长或较长1.5~2倍，在雄株多少开展成苞叶群，在雌株多少直立，不排列成明显的苞叶群。头状花序大，在雌株径为7~10毫米，3~7个密集，稀1个或较多，在雌株常有较长的花序梗而排列成伞房状。总苞半球形，长4~6毫米，被白色棉毛；总苞片约4层，无色或褐色，常狭尖，稍露出毛茸之上。小花雌雄异株，稀同株；雄花花冠长3.5毫米，狭漏斗状，有小裂片；雌花花冠丝状，花后生长，长为4.5~5毫米。冠毛白色；雄花冠毛不或稀稍粗厚，有锯齿或毛状齿；雌花冠毛细丝状，有微齿。不育的子房无毛或有乳头状突起；瘦果有乳头状突起或密粗毛。花果期7—10月。

广泛分布于新疆东部、青海东部和北部、甘肃、陕西北部、山西、内蒙古南部和北部、河北、辽宁、吉林、黑龙江以及山东半岛。生于干旱草原、黄土坡地、石砾地、山区草地，稀生于湿润地，极常见。海拔100~3200米。也分布于蒙古国、朝鲜、日本和前苏联的西伯利亚。

该种通常雌雄异株。雄株常较低小，有明显的苞叶群；雌株常较高大，且常有较大的头状花序和较长的冠毛，常有散生的苞叶。在雌雄同株的头状花序中常有多数雌花和极少雄花。

引自1979年《中国植物志》第75卷136页

1. 手持拍摄

2. 植株整体特写

3. 植株俯瞰

4. 植株远景特写

弱小火绒草

Leontopodium pusillum (Beauv.) Hand.-Mazz.

被子植物门 Angiospermae

双子叶植物纲 Dicotyledoneae

合瓣花亚纲 Sympetalae

桔梗目 Campanulales

菊科 Compositae

管状花亚科 Carduoideae

旋覆花族 Trib. Inuleae

鼠鞠草亚族 Subtrib. Gnaphalinae

火绒草属 *Leontopodium*

火绒草亚属 *Subgen. Leontopodium*

火绒草组 *Sect. Leontopodium*

高山亚组 *Subsect. Alpinoidea*

美花系 *Ser. Calocephala*

矮小多年生草本，根状茎分枝细长，丝状，有疏生的褐色短叶鞘，后叶鞘脱落，长达 6 厘米，或更长，顶端有 1 个或少数不育的或生长花茎的莲座状叶丛；莲座状叶丛围有枯叶鞘，散生或疏散丛生。花茎极短，高 2~7 厘米，或达 13 厘米，细弱，草质，被白色密茸毛，全部有较密的叶，节间极短至长达 15 毫米。叶匙形或线状匙形，下部叶和莲座状叶在花期生存，长达 3 厘米，宽达 0.2~0.4 或达 0.5 厘米，有长和稍宽的鞘部，茎中部叶直立或稍开展，长 1~2 厘米，宽 0.2~0.3 厘米，顶端圆形或钝，无明显的小尖头，边缘平，下部稍狭，无柄，草质，稍厚，两面被白色或银白色密茸毛，常褶合。苞叶多数，密集，与茎上部叶多少同形，多少同长，宽为 2~3 毫米，基部较急狭，两面被白色密茸毛，较花序稍长或长达 2 倍，通常开展成径为 1.5~2.5 厘米的苞叶群。头状花序径为 5~6 毫米，3~7 个密集，稀 1 个。总苞长 3~4 毫米，被白色长柔毛状茸毛；总苞片约 3 层，顶端无毛，宽尖，无色或深褐色，超出毛茸之上。小花异形或雌雄异株。花冠长 2.5~3 毫米；雄花花冠上部狭漏斗状，有披针形裂片；雌花花冠丝状。冠毛白色；雄花冠毛上端棒状粗厚或稍细而有毛状细锯齿；雌花冠毛细丝状，有疏细锯齿。不育的子房无毛；瘦果无毛或稍有乳头状突起。花期 7—8 月。

产于西藏南部、中部、东北部（江孜、昂江、打隆、班戈湖、珠穆朗玛峰等），青海北部（祁连）、新疆南部。生于高山雪线附近的草滩地、盐湖岸和石砾地，常大片生长，成为草滩上的主要植物。海拔 3500~5000 米。

引自 1979 年《中国植物志》第 75 卷 122 页

1. 手持拍摄

2. 植株整体特写

雪灵芝

Arenaria brevipetala Y. W. Tsui et L. H. Zhou

被子植物门 Angiospermae

双子叶植物纲 Dicotyledoneae

原始花被亚纲 Archichlamydeae

中央种子目 Centrospermae

石竹科 Caryophyllaceae

繁缕亚科 Subfam. Alsinoideae

繁缕族 Trib. Alsineae

繁缕亚族 Subtrib. Stellariinae

无心菜属 *Arenaria*

雪灵芝亚属 *Subgen. Eremogoneastrum*

多年生垫状草本，高5~8厘米。主根粗壮，木质化。茎下部密集枯叶，叶片针状线形，长1.5~2厘米，宽约1毫米，顶端渐尖，呈锋芒状，边缘狭膜质，内卷，基部较宽，膜质，抱茎，上面凹入，下面凸起；茎基部的叶较密集，上部2~3对。花1~2朵，生于枝端，花枝显然超出不育枝以上；苞片披针形，长约5毫米，宽1~1.5毫米，草质；花梗长0.5~1.5毫米，被腺柔毛，顶端弯垂；萼片5，卵状披针形，长6~7毫米，宽约2毫米，顶端尖，基部较宽，边缘具白色，膜质，3脉，中脉凸起，侧脉不甚明显；花瓣5，卵形，长3~4毫米，宽约2毫米，白色；花盘杯状，具5腺体；雄蕊10，花丝线状，花药黄色；子房球形，直径约2毫米，花柱3，长约3毫米。花期6—8月。

产于四川西部、北部（南自木里、乡城经道孚、丹巴、黑水，北至德格、阿坝、茂汶，东到康定）、青海东南部（囊谦、玉树一带）、西藏东北部（江达、昌都至安多）。生于海拔3400~4600米的高山草甸和碎石带。

引自1996年《中国植物志》第26卷184页

1. 手持拍摄

雪灵芝

2. 植株整体特写

金露梅

Potentilla fruticosa L.

被子植物门 Angiospermae

双子叶植物纲 Dicotyledoneae

原始花被亚纲 Archichlamydeae

蔷薇目 Rosales

蔷薇亚目 Rosineae

蔷薇科 Rosaceae

蔷薇亚科 Rosoideae

委陵菜属 *Potentilla*

棒状花柱组 *Sect. Rhopalostylae*

木本系 *Ser. Fruticosae* (Wolf) Yu et Li

灌木，高0.5~2米，多分枝，树皮纵向剥落。小枝红褐色，幼时被长柔毛。羽状复叶，有小叶2对，稀3小叶，上面一对小叶基部下延与叶轴汇合；叶柄被绢毛或疏柔毛；小叶片长圆形、倒卵长圆形或卵状披针形，长0.7~2厘米，宽0.4~1厘米，全缘，边缘平坦，顶端急尖或圆钝，基部楔形，两面绿色，疏被绢毛或柔毛或脱落近于几毛；托叶薄膜质，宽大，外面被长柔毛或脱落。单花或数朵生于枝顶，花梗密被长柔毛或绢毛；花直径2.2~3厘米；萼片卵圆形，顶端急尖至短渐尖，副萼片披针形至倒卵状披针形，顶端渐尖至急尖，与萼片近等长，外面疏被绢毛；花瓣黄色，宽倒卵形，顶端圆钝，比萼片长；花柱近基生，棒形，基部稍细，顶部缢缩，柱头扩大。瘦果近卵形，褐棕色，长1.5毫米，外被长柔毛。花果期6—9月。

产于黑龙江、吉林、辽宁、内蒙古、河北、山西、陕西、甘肃、新疆、四川、云南、西藏。生于山坡草地、砾石坡、灌丛及林缘，海拔1000~4000米。

本种枝叶茂密，黄花鲜艳，适宜作庭园观赏灌木，或作矮篱也很美观。叶与果含鞣质，可提制栲胶。嫩叶可代茶叶饮用。花、叶入药，有健脾、化湿、清暑、调经之效。在内蒙古山区为中等饲用植物，骆驼最爱吃。藏民广泛用作建筑材料，填充在屋檐下或门窗上下。

本种广泛分布在北温带山区，亚洲、欧洲及美洲均有记录，枝叶花朵形态变异很大，有人认为同属一种的变种和变型，有人认为欧美所产为同种，北美为其分布中心，亚洲东部所产者为另一种，其主要区别为叶片质地与被毛。欧美产者叶片薄软，叶脉稀疏，上下两面毛较少，而亚洲产者叶片较硬而厚，叶脉密集，上面密被绢毛，下面无毛或稍有柔毛，我们认为这些叶片特征受生态环境影响较大，仅能作为种以下变异，不能视为独立的种。特别是在我国新疆及黑龙江等省区所采的标本与欧洲标本不易划分，而在我国西南各省所产的叶片上面伏毛较多，或在叶片下面密被白色绢毛，改列为变种较为适宜。

引自1985年《中国植物志》第37卷244页

1. 白纸背景

2. 手持拍摄

3. 植株整体特写

4. 植株俯瞰

垫状点地梅

Androsace tapete Maxim.

被子植物门 Angiospermae

双子叶植物纲 Dicotyledoneae

合瓣花亚纲 Sympetalae

报春花目 Primulales

报春花科 Primulaceae

报春花族 Trib. Primuleae

点地梅属 *Androsace*

高山组 *Sect. Chamaejasme*

多年生草本。株形为半球形的坚实垫状体，由多数根出短枝紧密排列而成；根出短枝为鳞覆的枯叶覆盖，呈棒状。当年生莲座状叶丛叠生于老叶丛上，通常无节间，直径2~3毫米。叶两型，外层叶卵状披针形或卵状三角形，长2~3毫米，较肥厚，先端钝，背部隆起，微具脊；内层叶线形或狭倒披针形，长2~3毫米，中上部绿色，顶端具密集的白色画笔状毛，下部白色，膜质，边缘具短缘毛。花葶近于无或极短；花单生，无梗或具极短的柄，包藏于叶丛中；苞片线形，膜质，有绿色细肋，约与花萼等长；花萼筒状，长4~5毫米，具稍明显的5棱，棱间通常白色，膜质，分裂达全长的1/3，裂片三角形，先端钝，上部边缘具绢毛；花冠粉红色，直径约5毫米，裂片倒卵形，边缘微呈波状。花期6—7月。

产于新疆（南部）、甘肃（南部）、青海、四川（西部）、云南（西北部）和西藏。生于砾石山坡、河谷阶地和平缓的山顶，海拔3500~5000米。分布于尼泊尔。

引自1989年《中国植物志》第59(1)卷191页

1. 手持拍摄

2. 植株整体特写

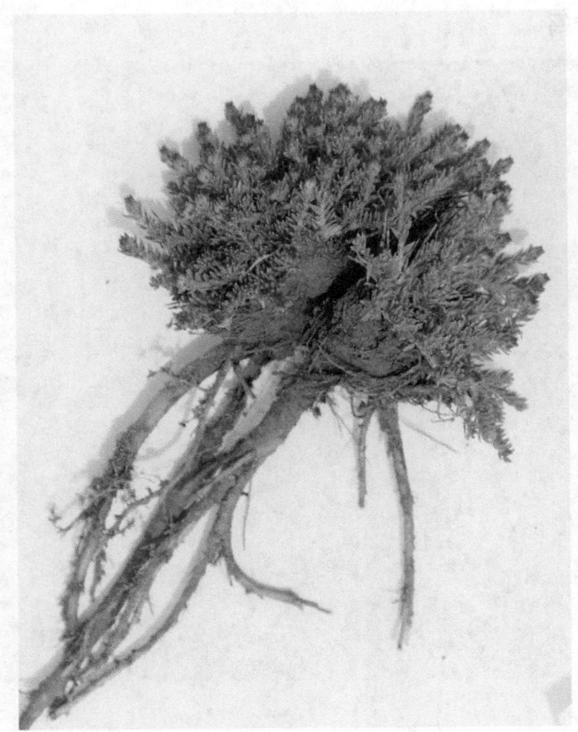

唐古红景天

Rhodiola algida (Ledeb.) Fisch. et Mey. var. tangutica (Maxim.) S. H. Fu

被子植物门 Angiospermae

双子叶植物纲 Dicotyledoneae

原始花被亚纲 Archichlamydeae

蔷薇目 Rosales

虎耳草亚目 Saxifragineae

景天科 Crassulaceae

景天亚科 Sedoideae

红景天属 *Rhodiola*

四裂红景天组 *Sect. Chamaerhodiola*

长鞭红景天系 *Ser. Fastigiatae* (*Frod.*) *S. H. Fu Rhodiola algida*

多年生草本。主根粗长，分枝；根颈没有残留老枝茎，或有少数残留，先端被三角形鳞片。雌雄异株。雄株花茎干后稻秆色或老后棕褐色，高 10~17 厘米，直径 1.5~2.5 毫米。叶线形，长 1~1.5 厘米，宽不及 1 毫米，先端钝渐尖，无柄。花序紧密，伞房状，花序下有苞叶；萼片 5，线状长圆形，长 2~3 毫米，宽 0.5~0.6 毫米，先端钝；花瓣 5，干后似为粉红色，长圆状披针形，长 4 毫米，宽 0.8 毫米，先端钝渐尖；雄蕊 10，对瓣的长 2.5 毫米，在基部上 1.5 毫米着生，对萼的长 4.5 毫米，鳞片 5，四方形，长 0.4 毫米，宽 0.5 毫米，先端有微缺；心皮 5，狭披针形，长 2.5 毫米，不育。雌株花茎果时高 15~30 厘米，直径 3 毫米，棕褐色。叶线形，长 8~13 毫米，宽 1 毫米，先端钝渐尖。花序伞房状，果实倒三角形，长宽各 5 厘米；萼片 5，线状长圆形，长 3~3.5 毫米，宽 0.5~0.7 毫米，钝形；花瓣 5，长圆状披针形，长 5 毫米，宽 1~1.2 毫米，先端钝渐尖；鳞片 5，横长方形，长 0.5 毫米，宽 0.7 毫米，先端有微缺；蓇葖 5，直立，狭披针形，长达 1 厘米，喙短，长 1 毫米，直立或稍外弯。花期 5—8 月，果期 8 月。

产于四川、青海、甘肃、宁夏。生于海拔 2000~4700 米的高山石缝中或近水边。

引自 1984 年《中国植物志》第 34(1) 卷 185 页

1. 手持拍摄

2. 植株整体特写

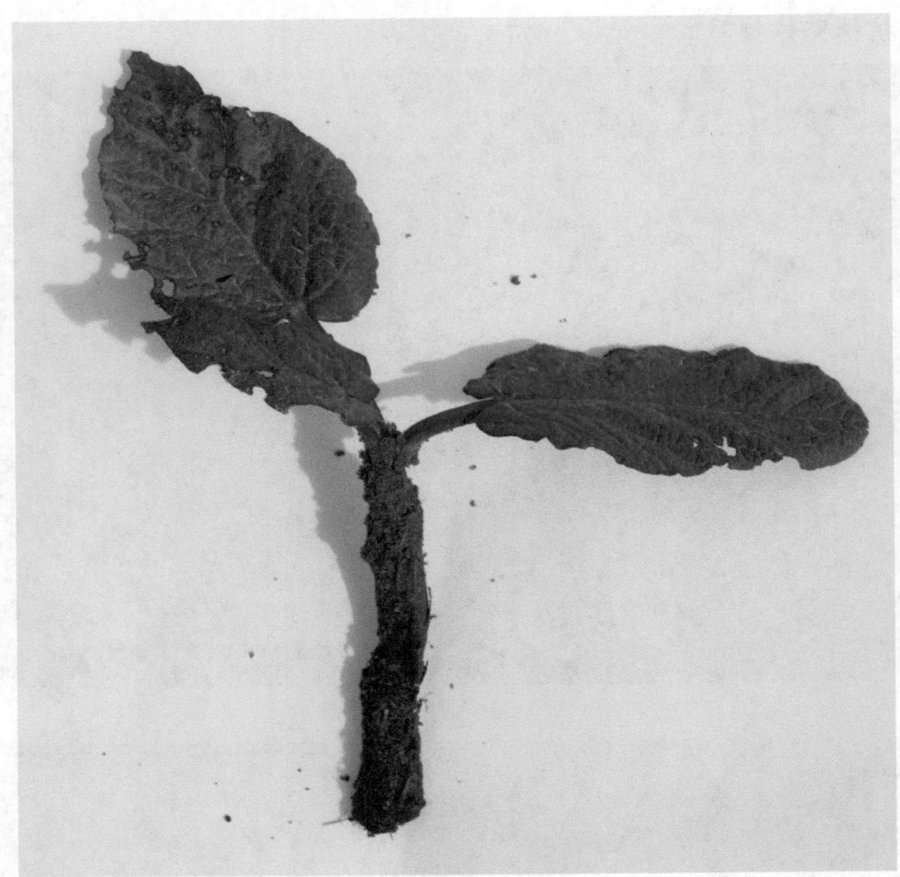

歧穗大黄

Rheum przewalskyi A. Los.

被子植物门 Angiospermae

双子叶植物纲 Dicotyledoneae

原始花被亚纲 Archichlamydeae

蓼目 Polygonales

蓼科 Polygonaceae

酸模亚科 Subfam. Rumicoideae

酸模族 Trib. Rumiceae

大黄属 *Rheum*

穗序组 *Sect. Spiciformia*

矮壮草本，无茎，根状茎顶端具多层托叶鞘，棕褐色，干后膜质或纸质，光滑无毛。叶基生，2~4 片，叶片革质，宽卵形或菱状宽卵形，长 10~20 厘米，宽 9~17 厘米，顶端圆钝，基部近心形，全缘，有时成极弱波状，基出脉 5~7 条，叶上面黄绿色，下面紫红色，两面光滑无毛或下面具小乳突；叶柄粗壮，半圆柱状，长 4~10 厘米，常紫红色，光滑无毛或粗糙。花葶 2~3 枝，自根状茎顶端抽出，与叶近等长或短于叶，每支成 2~4 歧状分枝，下部直径 5~7 毫米，光滑无毛或有时具稀疏乳突，花序为穗状的总状；花黄白色，花梗长约 2 毫米，关节在下部；花被不开展，花被片宽卵形或卵形，外轮较小，长约 1.2 毫米，内轮较大，长约 1.5 毫米，宽约 1.3 毫米；雄蕊 9，与花被近等长或稍外露，花丝基部与花盘合生；子房宽椭圆形，花柱长，向下反曲，柱头膨大成盘状，表面不平。果实宽卵形或梯状卵形，长 8.5~10 毫米，宽 7~8.5 毫米，顶端圆，有时微凹或微凸，基部略呈心形，翅宽约 3 毫米，纵脉在翅的中部偏外缘。种子卵形，宽约 3 毫米，深褐色。花期 7 月，果期 8 月。

产于甘肃、青海及四川西北部（色达）。生于海拔 1550~5000 米的山坡、山沟或林下石缝或山间洪积平原沙地。

引自 1998 年《中国植物志》第 25(1)卷 203 页

1. 手持拍摄

2. 植株整体特写

3. 植株俯瞰

短穗兔耳草

Lagotis brachystachya Maxim.

被子植物门 Angiospermae

双子叶植物纲 Dicotyledoneae

合瓣花亚纲 Sympetalae

管状花目 Tubiflorae

玄参科 Scrophulariaceae

兔耳草属 *Lagotis*

分萼组 *Sect. Schizocalyx*

多年生矮小草本，高为4~8厘米。根状茎短，不超过3厘米；根多数，簇生，条形，肉质，长可达10厘米，根颈外面为多数残留的老叶柄所形成的棕褐色纤维状鞘包裹。匍匐走茎带紫红色，长可达30厘米以上，直径为1~2毫米。叶全部基出，莲座状；叶柄长1~3(5)厘米，扁平，翅宽；叶片宽条形至披针形，长2~7厘米，顶端渐尖，基部渐窄成柄，边全缘。花葶数条，纤细，倾卧或直立，高度不超过叶；穗状花序卵圆形，长1~1.5厘米，花密集；苞片卵状披针形，长为4~6毫米，下部的可达8毫米，纸质；花萼成两裂片状，约与花冠筒等长或稍短，后方开裂至1/3以下，除脉外均膜质透明，被长缘毛；花冠白色或微带粉红或紫色，长为5~6毫米，花冠筒伸直较唇部长，上唇全缘，卵形或卵状矩圆形，宽为1.5~2毫米，下唇2裂，裂片矩圆形，宽为1~1.2毫米；雄蕊贴生于上唇基部，较花冠稍短；花柱伸出花冠外，柱头头状；花盘4裂。果实红色，卵圆形，顶端大而微凹，光滑无毛。花果期5—8月。

分布于甘肃、青海、西藏及四川西北部，海拔3200~4500米的高山草原、河滩、湖边砂质草地。全草入药，可治高血压、肺病、肺炎等症。

引自1979年《中国植物志》第67(2)卷327页

1. 手持拍摄

2. 植株整体特写

3. 植株俯瞰

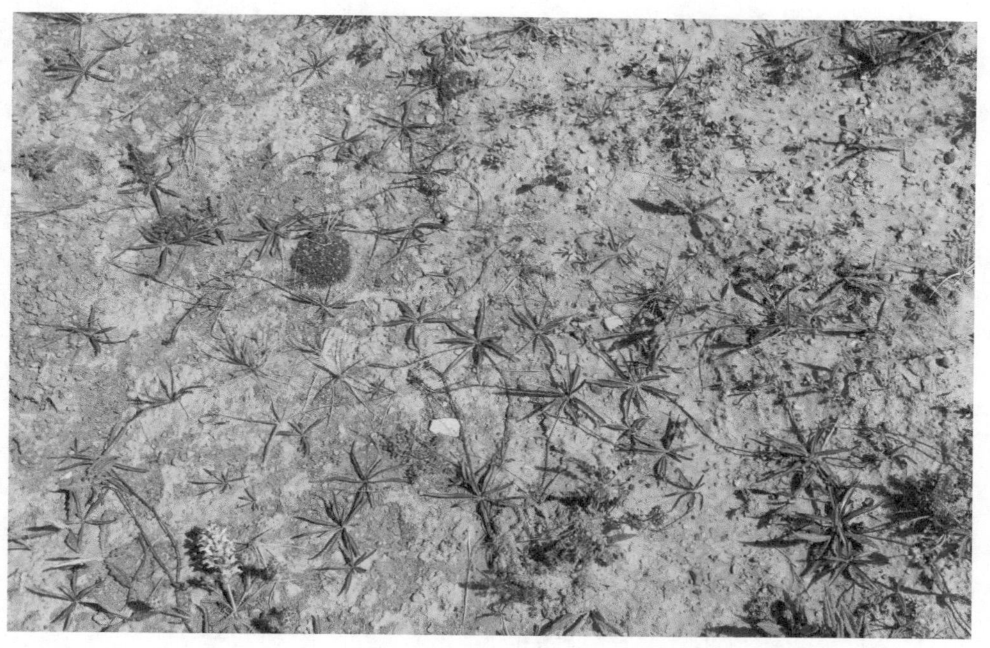

二裂委陵菜

Potentilla bifurca L.

被子植物门 Angiospermae

双子叶植物纲 Dicotyledoneae

原始花被亚纲 Archichlamydeae

蔷薇目 Rosales

蔷薇亚目 Rosineae

蔷薇科 Rosaceae

蔷薇亚科 Rosoideae

委陵菜属 *Potentilla*

棒状花柱组 *Sect. Rhopalostylae*

二裂系 *Ser. Bifurcae*

多年生草本或亚灌木。根圆柱形，纤细，木质。花茎直立或上升，高 5~20 厘米，密被疏柔毛或微硬毛。羽状复叶，有小叶 5~8 对，最上面 2~3 对小叶基部下延与叶轴汇合，连叶柄长 3~8 厘米；叶柄密被疏柔毛或微硬毛，小叶片无柄，对生稀互生，椭圆形或倒卵椭圆形，长 0.5~1.5 厘米，宽 0.4~0.8 厘米，顶端常 2 裂，稀 3 裂，基部楔形或宽楔形，两面绿色，伏生疏柔毛；下部叶托叶膜质，褐色，外面被微硬毛，稀脱落几无毛，上部茎生叶托叶草质，绿色，卵状椭圆形，常全缘稀有齿。近伞房状聚伞花序，顶生，疏散；花直径 0.7~1 厘米；萼片卵圆形，顶端急尖，副萼片椭圆形，顶端急尖或钝，比萼片短或近等长，外面被疏柔毛；花瓣黄色，倒卵形，顶端圆钝，比萼片稍长；心皮沿腹部有稀疏柔毛；花柱侧生，棒形，基部较细，顶端缢缩，柱头扩大。瘦果表面光滑。花果期 5—9 月。

产于黑龙江、内蒙古、河北、山西、陕西、甘肃、宁夏、青海、新疆、四川。生地边、道旁、沙、滩、山坡草地、黄土坡上、半干旱荒漠草原及疏林下，海拔 800~3600 米。蒙古国、前苏联、朝鲜有分布。

该种植物幼芽密集簇生，形成红紫色的垫状丛，内蒙古土名称“地红花”，据传可入药能止血，主治功能性子宫出血、产后出血过多。又为中等饲料植物，羊与骆驼均喜食。

引自 1985 年《中国植物志》第 37 卷 250 页

1. 手持拍摄

2. 植株整体特写

3. 植株俯瞰

阿尔泰狗娃花

Heteropappus altaicus (Willd.) Novopokr.

被子植物门 Angiospermae

双子叶植物纲 Dicotyledoneae

合瓣花亚纲 Sympetalae

桔梗目 Campanulales

菊科 Compositae

管状花亚科 Carduoideae

紫菀族 Trib. Astereae

狗娃花属 *Heteropappus*

假马兰组 *Sect. Pseudocalimeris*

多年生草本，有横走或垂直的根。茎直立，高 20~60 厘米，稀长达 100 厘米，被上曲或有时开展的毛，上部常有腺，上部或全部有分枝。基部叶在花期枯萎；下部叶条形或矩圆状披针形，倒披针形，或近匙形，长为 2.5~6 厘米，稀长达 10 厘米，宽 0.7~1.5 厘米，全缘或有疏浅齿；上部叶渐狭小，条形；全部叶两面或下面被粗毛或细毛，常有腺点，中脉在下面稍凸起。头状花序直径 2~3.5 厘米，稀为 4 厘米，单生枝端或排成伞房状。总苞半球形，径 0.8~1.8 厘米；总苞片 2~3 层，近等长或外层稍短，矩圆状披针形或条形，长 4~8 毫米，宽 0.6~1.8 毫米，顶端渐尖，背面或外层全部草质，被毛，常有腺，边缘膜质。舌状花约 20 个，管部长 1.5~2.8 毫米，有微毛；舌片浅蓝紫色，矩圆状条形，长 10~15 毫米，宽 1.5~2.5 毫米；管状花长 5~6 毫米，管部长 1.5~2.2 毫米，裂片不等大，长 0.6~1 毫米或 1~1.4 毫米，有疏毛瘦果扁，倒卵状矩圆形，长 2~2.8 毫米，宽 0.7~1.4 毫米，灰绿色或浅褐色，被绢毛，上部有腺。冠毛污白色或红褐色，长 4~6 毫米，有不等长的微糙毛。花果期 5—9 月。

广泛分布于亚洲中部、东部、北部及东北部，也见于喜马拉雅山西部。生于草原、荒漠地、沙地及干旱山地，从滨海到海拔 4000 米。

变异相当大的种。在多年生的种类中，该种以较高大的、直立或斜升的茎，总苞片顶端渐尖，至少内层有明显的膜质边缘，较小的舌片等特点与邻种区别。

引自 1985 年《中国植物志》第 74 卷 112 页

1. 手持拍摄

2. 植株整体特写

3. 植株俯瞰

4. 植株远景特写

碎米蕨叶马先蒿

Pedicularis cheilanthifolia Schrenk

被子植物门 Angiospermae

双子叶植物纲 Dicotyledoneae

合瓣花亚纲 Sympetalae

管状花目 Tubiflorae

玄参科 Scrophulariaceae

马先蒿属 *Pedicularis*

之形花群 *Grex Sigmantha*

假之形花亚群 *Subgrex Nothosigmantha*

碎米蕨叶系 *Ser. Cheilanthifoliae*

低矮或相当高升，高为5~30厘米，干时略略变黑。根茎很粗，被有少数鳞片；根多少变粗而肉质，略为纺锤形，在较小的植株中有时较细，长可达10厘米以上，粗可达10毫米；茎单出直立，或成丛而多达十余条，不分枝，暗绿色，有4条深沟纹，沟中有成行之毛，节2~4枚，节间最长者可达8厘米。叶基出者宿存，有长柄，丛生，柄长达3~4厘米，茎叶4枚轮生，中部一轮最大，柄仅长5~20毫米；叶片线状披针形，羽状全裂，长0.75~4厘米，宽2.5~8毫米，裂片8~12对，卵状披针形至线状披针形，长3~4毫米，宽1~2毫米，羽状浅裂，小裂片2~3对，有重齿，或仅有锐锯齿，齿常有胼胝。花序一般亚头状，在一年生植株中有时花仅一轮，但大多多少伸长，长者达10厘米，下部花轮有时疏远；苞片叶状，下部者与花等长；花梗仅偶在下部花中存在；萼长圆状钟形，脉上有密毛，前方开裂至1/3处，长8~9毫米，宽3.5毫米，齿5枚，后方1枚三角形全缘，较膨大有锯齿的后侧方两枚狭1倍，而与有齿的前侧方2枚等宽；花冠自紫红色一直退至钝白色（作者由活植物中观察），管在花初放时几伸直，后约在基部以上4毫米处几以直角向前膝屈，上段向前方扩大，长达11~14毫米，下唇稍宽过于长，长8毫米，宽10毫米，裂片圆形而等宽，盔长10毫米，花盛开时作镰状弓曲，稍自管的上段仰起，但不久即在中部向前作膝状屈曲，端几无喙或有极短的圆锥形喙；雄蕊花丝着生于管内约等于子房中部的地方，仅基部有微毛，上部无毛；花柱伸出。蒴果披针状三角形，锐尖而长，长达16毫米，宽5.5毫米，下部为宿萼所包；种子卵圆形，基部显有种阜，色浅而有明显之网纹，长2毫米。花期6—8月，果期7—9月。

产于我国甘肃西部、青海、新疆，西藏北部或许也有，亦见中亚的其他地方。生于海拔2150~4900米的河滩、水沟等水分充足之处；亦见于阴坡桦木林、草坡中。

引自1963年《中国植物志》第68卷196页

1. 手持拍摄

2. 植株整体特写

3. 植株俯瞰

4. 植株远景特写

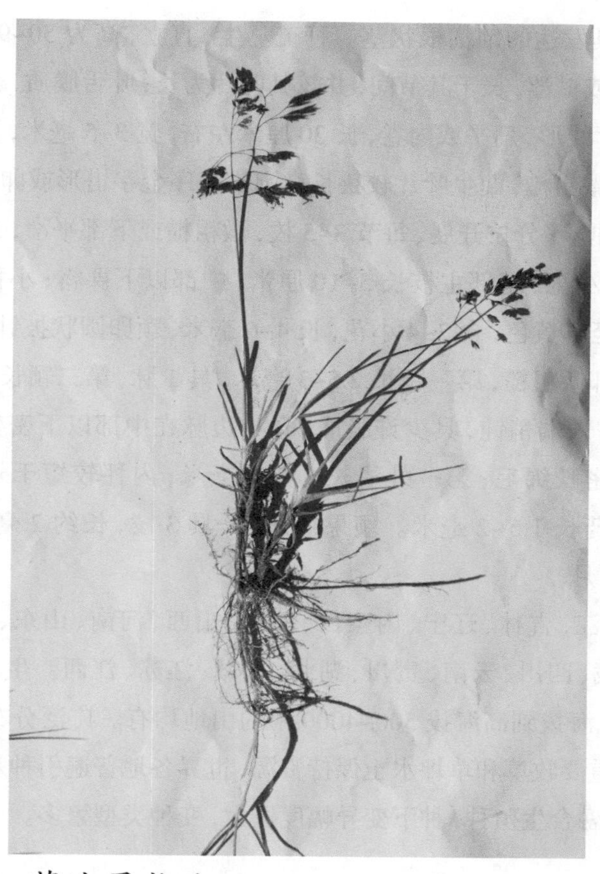

草地早熟禾

Poa pratensis L.

被子植物门 Angiospermae

单子叶植物纲 Monocotyledoneae

禾本目 Graminales

禾本科 Gramineae

早熟禾亚科 Pooideae

早熟禾族 Poeae

早熟禾属 *Poa*

早熟禾组 *Sect. Poa*

多年生，具发达的匍匐根状茎。秆疏丛生，直立，高为50~90厘米，具2~4节。叶鞘平滑或糙涩，长于其节间，并较其叶片为长；叶舌膜质，长1~2毫米，蘖生者较短；叶片线形，扁平或内卷，长30厘米左右，宽3~5毫米，顶端渐尖，平滑或边缘与上面微粗糙，蘖生叶片较狭长。圆锥花序金字塔形或卵圆形，长10~20厘米，宽3~5厘米；分枝开展，每节3~5枚，微粗糙或下部平滑，二次分枝，小枝上着生3~6枚小穗，基部主枝长5–10厘米，中部以下裸露；小穗柄较短；小穗卵圆形，绿色至草黄色，含3~4小花，长4~6毫米；颖卵圆状披针形，顶端尖，平滑，有时脊上部微粗糙，第一颖长2.5~3毫米，具1脉，第二颖长3~4毫米，具3脉；外稃膜质，顶端稍钝，具少许膜质，脊与边脉在中部以下密生柔毛，间脉明显，基盘具稠密长绵毛；第一外稃长3~3.5毫米；内稃较短于外稃，脊粗糙至具小纤毛；花药长1.5~2毫米。颖果纺锤形，具3棱，长约2毫米。花期5—6月，结实7—9月。

产于黑龙江、吉林、辽宁、内蒙古、河北、山西、河南、山东、陕西、甘肃、青海、新疆、西藏、四川、云南、贵州、湖北、安徽、江苏、江西。生于湿润草甸、沙地、草坡，从低海拔到高海拔500~4000米的山地均有。广泛分布于欧亚大陆温带和北美，为重要牧草和草坪水土保持资源，世界各地普遍引种栽植。草地早熟禾是著名的无融合生殖种，种下变异幅度极大，变种类型繁多。

引自2002年《中国植物志》第9(2)卷097页

1. 手持拍摄

2. 植株整体特写

3. 植株远景特写

扇穗茅

Littledalea racemosa Keng

被子植物门 Angiospermae

单子叶植物纲 Monocotyledoneae

禾本目 Graminales

禾本科 Gramineae

早熟禾亚科 Pooideae

雀麦族 Bromeae

扇穗茅属 *Littledalea*

多年生，具短根状茎。秆高为30~40厘米，径为2毫米，常具3节，顶节距秆基6~10厘米。叶鞘平滑松弛；叶舌膜质，长2~5毫米，顶端撕裂；叶片长4~7厘米，宽2~5毫米，下面平滑，上面生微毛。圆锥花序几成总状；分枝单生或孪生，长2~5厘米，细弱而弯曲，顶端着生。一枚大形小穗，下部裸露；小穗扇形，长2~3厘米，含6~8小花；小穗轴节间平滑，长约2.5毫米；颖披针形，干膜质，顶端钝，第一颖长5~9毫米，具1脉，第二颖长12~14毫米，具3脉；外稃带紫色，具7~9脉，平滑或有点状粗糙，边缘与上部膜质，顶端具不规则缺刻，第一外稃长20~25毫米，宽4~5毫米；内稃窄小，长不及外稃的1/2，背部具微毛，两脊生纤毛；花药长6毫米。花果期7—8月。

产于西藏（昌都）、四川西北部、青海（玉树、玛多、格尔木、都兰、贵德、祁连、湟源、门源、称多）。生于高山草坡、河谷边沙滩、灌丛草甸，海拔2900~4000米。

引自2002年《中国植物志》第9(2)卷378页

1. 手持拍摄

2. 植株整体特写

3. 植株俯瞰

4. 植株远景特写

肾形子黄耆

Astragalus skythropos Bunge

被子植物门 Angiospermae

双子叶植物纲 Dicotyledoneae

原始花被亚纲 Archichlamydeae

蔷薇目 Rosales

蔷薇亚目 Rosineae

豆科 Leguminosae

蝶形花亚科 Papilionoideae

山羊豆族 TRIB. Galegeae

黄耆亚族 SUBTRIB. Astragalinae

黄耆属 *Astragalus*

黄耆亚属 *Subgen. Phaca*

肾形子组 *Sect. Skythropos*

多年生草本。根纺锤形，暗褐色。地上茎短缩或不明显。羽状复叶丛生呈假莲座状，有 13~31 片小叶，长 4~20 厘米；叶柄长 2~5 厘米，连同叶轴散生白色长柔毛；托叶膜质，离生，披针形，长 3~12 毫米，下面被白色长柔毛；小叶宽卵形或长圆形，长 5~18 毫米，宽 4~10 毫米，先端渐狭，钝圆或微凹，基部宽楔形或近圆形，上面无毛或疏被柔毛，下面或沿叶脉疏被白色长柔毛。总状花序生多数花，下垂，偏向一边；总花梗生基部叶腋，长 5~25 厘米，具条棱，散生白毛或上部混生褐色长柔毛；苞片披针形，长 5~8 毫米，背面被白色长柔毛；花梗长 1~2 毫米，密被黑色柔毛；花萼狭钟状，长 7~8 毫米，外面被褐色细柔毛；萼齿披针形至钻形，长约 3 毫米；花冠红色至紫红色，旗瓣倒卵形，长 15~20 毫米，先端微凹，基部渐狭成瓣柄，翼瓣与旗瓣近等长，瓣片长圆形，基部具长约 3 毫米的耳，瓣柄与瓣片近等长，龙骨瓣较翼瓣稍长或近等长，瓣片半卵形，与瓣柄近等长；子房长圆形，被白色和棕色长伏贴柔毛，具柄。荚果披针状卵形，长约 2 厘米，两端尖，密被白色和棕色长柔毛，果颈较萼筒稍长；种子 4~6 颗，肾形。花期 7 月。

产于四川、云南（西北部）、甘肃、青海、新疆。生于海拔 3200~3800 米的高山草甸。

引自 1993 年《中国植物志》第 42（1）卷 141 页

1. 手持拍摄

2. 植株整体特写

3. 植株俯瞰

4. 植株远景特写

镰萼喉毛花

Comastoma falcatum (Turcz. ex Kar. et Kir.) Toyokuni

被子植物门 Angiospermae

双子叶植物纲 Dicotyledoneae

合瓣花亚纲 Sympetalae

捩花目 Contortae

龙胆科 Gentianaceae

龙胆亚科 Subfam. Gentianoideae

龙胆族 Trib. Gentianeae

龙胆亚族 Subtrib. Gentianinae

喉毛花属 *Comastoma*

一年生草本，高 4~25 厘米。茎从基部分枝，分枝斜升，基部节间短缩，上部伸长，花葶状，四棱形，常带紫色。叶大部分基生，叶片矩圆状匙形或矩圆形，长 5~15 毫米，宽 3~6 毫米，先端钝或圆形，基部渐狭成柄，叶脉 1~3 条，叶柄长达 20 毫米；茎生叶无柄，矩圆形，稀为卵形或矩圆状卵形，长 8~15 毫米，一般宽 3~4 毫米，有时宽达 6 毫米，先端钝。花 5 数，单生分枝顶端；花梗常紫色，四棱形，长达 12 厘米，一般长 4~6 厘米；花萼绿色或有时带蓝紫色，长为花冠的 1/2，稀达 2/3 或较短，深裂近基部，裂片不整齐，形状多变，常为卵状披针形，弯曲成镰状，有时为宽卵形或矩圆形至狭披针形，先端钝或急尖，边缘平展，稀外反，近于皱波状，基部有浅囊，背部中脉明显；花冠蓝色，深蓝色或蓝紫色，有深色脉纹，高脚杯状，长（9）12~25 毫米，冠筒筒状，喉部突然膨大，直径达 9 毫米，裂达中部，裂片矩圆形或矩圆状匙形，长 5~13 毫米，宽达 7 毫米，先端钝圆，偶有小尖头，全缘，开展，喉部具一圈副冠，副冠白色，10 束，长达 4 毫米，流苏状裂片的先端圆形或钝，宽约 0.5 毫米，冠筒基部具 10 个小腺体；雄蕊着生冠筒中部，花丝白色，长 5~5.5 毫米，基部下延于冠筒上成狭翅，花药黄色，矩圆形，长 1.5~2 毫米；子房无柄，披针形，连花柱长 8~11 毫米，柱头 2 裂。蒴果狭椭圆形或披针形；种子褐色，近球形，径约 0.7 毫米，表面光滑。花果期 7—9 月。

产于西藏、四川西北部、青海、新疆、甘肃、内蒙古、山西、河北。生于河滩、山坡草地、林下、灌丛、高山草甸，海拔 2100~5300 米。印度、尼泊尔、蒙古国有分布。

该种是 1 个广布种，随生态条件的不同，植株的体态及大小均有较大变异，尤其是花的大小、花萼裂片的形状（从卵形到狭披针形）变化更大，且这些变化均无明显的间断。

引自 1988 年《中国植物志》第 62 卷 306 页

1. 手持拍摄

2. 植株整体特写

3. 植株俯瞰

4. 植株远景特写

异针茅

Stipa aliena Keng

被子植物门 Angiospermae

单子叶植物纲 Monocotyledoneae

禾本目 Graminales

禾本科 Gramineae

早熟禾亚科 Pooideae

针茅族 Stipeae

针茅属 *Stipa*

须根坚韧。秆高20~40厘米，具1~2节。叶鞘光滑，长于节间；叶舌顶端钝圆或2裂，背部具微毛，长1~1.5毫米，基生叶舌较短；叶片纵卷成线形，上面粗糙，下面光滑，基生叶长为秆高的1/2或2/3。圆锥花序较紧缩，长10~15厘米，分枝单生或孪生，斜向上升，基部者长4~7厘米，顶部者长1~2厘米，下部长裸露，上部着生1~3个小穗；小穗柄长2~10毫米（顶生者长达2厘米）；小穗灰绿而带紫色；颖披针形，先端细渐尖，具5~7脉，长1~1.3厘米；外稃背部遍生短毛，具5脉，长6.5~7.5厘米，基盘尖锐，长约1毫米，密生短毛，芒两回膝曲扭转，第一芒柱长4~5毫米，具1~2毫米的柔毛，第二芒柱与第一芒柱几乎等长，被微毛，芒针长1~1.6厘米，无毛；内与稃外稃等长，具2脉，背部具短毛。颖果圆柱形，长为5毫米，具浅腹沟。花果期7—9月。

产于甘肃、西藏、青海、四川。多生于海拔2900~4600米的阳坡灌丛、山坡草甸、冲积扇或河谷阶地上。

引自1987年《中国植物志》第9(3)卷284页

1. 手持拍摄

2. 植株整体特写

3. 植株俯瞰

珠芽蓼

Polygonum viviparum L.

被子植物门 Angiospermae
双子叶植物纲 Dicotyledoneae
原始花被亚纲 Archichlamydeae
蓼目 Polygonales
蓼科 Polygonaceae
蓼亚科 Subfam. Polygonoideae
蓼族 Trib. Polygoneae
蓼属 *Polygonum*
拳参组 *Sect. Bistorta*

多年生草本。根状茎粗壮，弯曲，黑褐色，直径 1~2 厘米。茎直立，高 15~60 厘米，不分枝，通常 2~4 条自根状茎发出。基生叶长圆形或卵状披针形，长 3~10 厘米，宽 0.5~3 厘米，顶端尖或渐尖，基部圆形、近心形或楔形，两面无毛，边缘脉端增厚。外卷，具长叶柄；茎生叶较小披针形，近无柄；托叶鞘筒状，膜质，下部绿色，上部褐色，偏斜，开裂，无缘毛。总状花序呈穗状，顶生，紧密，下部生珠芽；苞片卵形，膜质，每苞内具 1~2 花；花梗细弱；花被 5 深裂，白色或淡红色。花被片椭圆形，长 2~3 毫米；雄蕊 8，花丝不等长；花柱 3，下部合生，柱头头状。瘦果卵形，具 3 棱，深褐色，有光泽，长约 2 毫米，包于宿存花被内。花期 5—7 月，果期 7—9 月。

产于东北、华北、河南、西北及西南。生于山坡林下、高山或亚高山草甸，海拔 1200–5100 米。朝鲜、日本、蒙古国、高加索、哈萨克斯坦、印度、欧洲及北美等国家和地区也有。

引自 1998 年《中国植物志》第 25(1)卷 037 页

1. 手持拍摄

2. 植株整体特写

3. 植株俯瞰

4. 植株远景特写

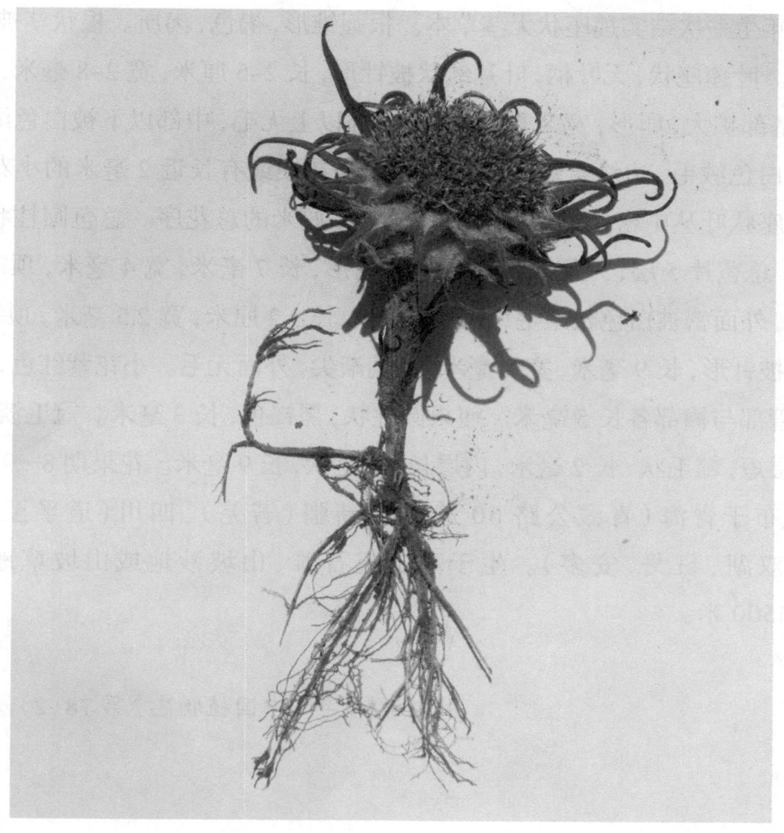

羌塘雪兔子

Saussurea wellbyi Hemsl.

被子植物门 Angiospermae
双子叶植物纲 Dicotyledoneae
合瓣花亚纲 Sympetalae
桔梗目 Campanulales
菊科 Compositae
管状花亚科 Carduoideae
菜蓟族 Cynareae
飞廉亚族 Carduinae
风毛菊属 *Saussurea*
雪兔子亚属 *Subgen. Eriocoryne*

多年生一次结实莲座状无茎草本。根圆锥形，褐色，肉质。根状茎被褐色残存的叶。叶莲座状，无叶柄，叶片线状披针形，长 2~5 厘米，宽 2~8 毫米，顶端长渐尖，基部扩大，卵形，宽 8 毫米，上面中部以上无毛，中部以下被白色绒毛，下面密被白色绒毛，边缘全缘。头状花序无小花梗或有长近 2 毫米的小花梗，多数在莲座状叶丛中密集成半球形的直径为 4 厘米的总花序。总苞圆柱状，直径 6 毫米；总苞片 5 层，外层长椭圆形或长圆形，长 7 毫米，宽 4 毫米，顶端急尖，紫红色，外面密被白色长柔毛，中层长圆形，长 1.2 厘米，宽 2.5 毫米，顶端圆形，内层长披针形，长 9 毫米，宽 2 毫米，顶端渐尖，外面无毛。小花紫红色，长 1 厘米，细管部与檐部各长 5 毫米。瘦果圆柱状，黑褐色，长 3 毫米。冠毛淡褐色，2 层，外层短，糙毛状，长 2 毫米，内层长，羽毛状，长 9 毫米。花果期 8—9 月。

分布于青海（青藏公路 60 道班）、新疆（若羌）、四川（道孚至乾宁）、西藏（双湖、班戈、安多）。生于高山流石滩、山坡沙地或山坡草地，海拔 4800~5500 米。

引自 1999 年《中国植物志》第 78(2)卷 011 页

1. 手持拍摄

2. 植株整体特写

3. 植株俯瞰

4. 植株远景特写

溚草

Koeleria cristata (L.) Pers.

被子植物门 Angiospermae

单子叶植物纲 Monocotyledoneae

禾本目 Graminales

禾本科 Gramineae

早熟禾亚科 Pooideae

燕麦族 Aveneae

溚草属 *Koeleria*

多年生，密丛。秆直立，具2~3节，高25~60厘米，在花序下密生绒毛。叶鞘灰白色或淡黄色，无毛或被短柔毛，枯萎叶鞘多撕裂残存于秆基；叶舌膜质，截平或边缘呈细齿状，长0.5~2毫米；叶片灰绿色，线形，常内卷或扁平，长1.5~7厘米，宽1~2毫米，下部分蘖叶长5~30厘米，宽约1毫米，被短柔毛或上面无毛，上部叶近于无毛，边缘粗糙。圆锥花序穗状，下部间断，长5~12厘米，宽7~18毫米，有光泽，草绿色或黄褐色，主轴及分枝均被柔毛；小穗长4~5毫米，含2~3小花，小穗轴被微毛或近于无毛，长约1毫米；颖倒卵状长圆形至长圆状披针形，先端尖，边缘宽膜质，脊上粗糙，第一颖具1脉，长2.5~3.5毫米，第二颖具3脉，长3~4.5毫米；外稃披针形，先端尖，具3脉，边缘膜质，背部无芒，稀顶端具长约0.3毫米之小尖头，基盘钝圆，具微毛，第一外稃长约4毫米；内稃膜质，稍短于外稃，先端2裂，脊上光滑或微粗糙；花药长1.5~2毫米。花果期5—9月。

产于东北、华北、西北、华中、华东和西南等地区。生于山坡、草地或路旁。分布于欧亚大陆温带地区。

引自1987年《中国植物志》第9(3)卷130页

1. 手持拍摄

2. 植株整体特写

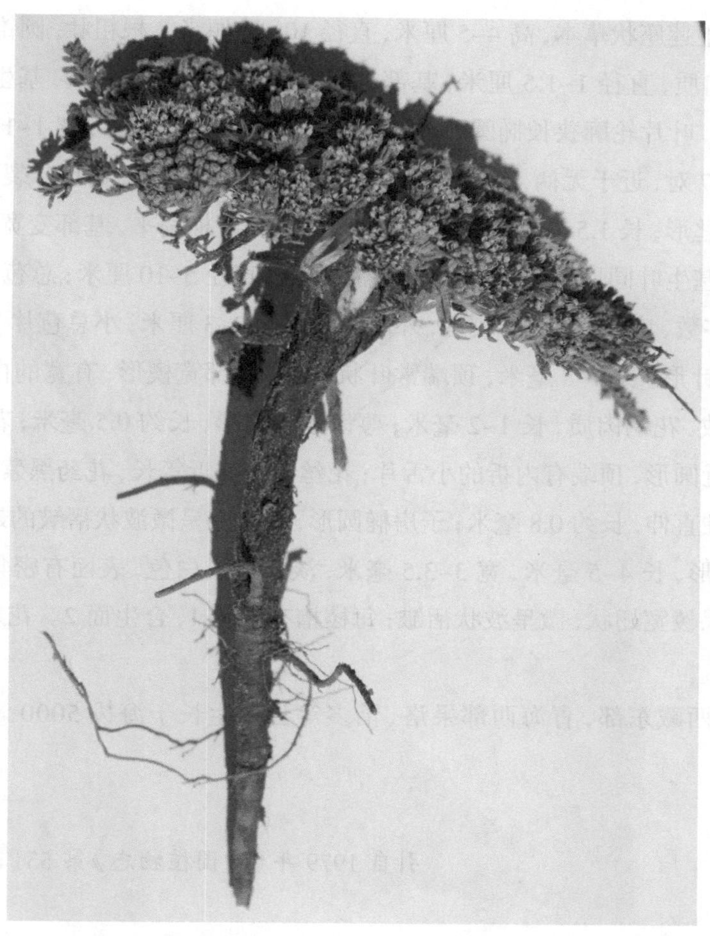

垫状棱子芹

Pleurospermum hedinii Diels

被子植物门 Angiospermae
双子叶植物纲 Dicotyledoneae
原始花被亚纲 Archichlamydeae
伞形目 Umbelliflorae
伞形科 Umbelliferae
芹亚科 Apioideae
美味芹族 Smyrnieae
棱子芹属 *Pleurospermum*

多年生莲座状草本，高 4~5 厘米，直径 10~15 厘米。根粗壮，圆锥状，直伸。茎粗短，肉质，直径 1~1.5 厘米，基部被栗褐色残鞘。叶近肉质，基生叶连柄长 7~12 厘米，叶片轮廓狭长椭圆形，2 回羽状分裂，长 3~5 厘米，宽 1~1.5 厘米，一回羽片 5~7 对，近于无柄，轮廓卵形或长圆形，长 3~7 毫米，羽状分裂，末回裂片倒卵形或匙形，长 1.5~2.5 毫米，宽 0.5~1.5 毫米，叶柄扁平，基部变宽达 4 毫米；茎生叶与基生叶同形，较小。复伞形花序顶生，直径 5~10 厘米；总苞片多数，叶状；伞辐多数，肉质，中间的较短，外面的长可达 2~3 厘米；小总苞片 8~12，倒卵形或倒披针形，长 4~8 毫米，顶端常叶状分裂，基部宽楔形，有宽的白色膜质边缘；花多数，花柄肉质，长 1~2 毫米；萼齿近三角形，长约 0.5 毫米；花瓣淡红色至白色，近圆形，顶端有内折的小舌片；花丝与花瓣近等长，花药黑紫色，花柱基压扁，花柱直伸，长约 0.8 毫米；子房椭圆形，明显有呈微波状褶皱的翅。果实卵形至宽卵形，长 4~5 毫米，宽 3~3.5 毫米，淡紫色或白色，表面有密集的细水泡状突起；果棱宽翅状，微呈波状褶皱；每棱槽有油管 1，合生面 2。花期 7—8 月，果期 9 月。

产于西藏东部，青海西部果洛、治多等县。生长于海拔 5000 米左右的山坡草地。

引自 1979 年《中国植物志》第 55(1) 卷 154 页

1. 手持拍摄

2. 植株整体特写

3. 植株远景特写

镰叶韭

Allium carolinianum DC.

被子植物门 Angiospermae

单子叶植物纲 Monocotyledoneae

百合目 Liliflorae

百合亚目 Subordo Liliineae

百合科 Liliaceae

葱族 Allicea

葱属 *Allium*

根茎组 *Sect. Rhiziridium*

具不明显的短的直生根状茎。鳞茎粗壮，单生或2~3枚聚生，狭卵状至卵状圆柱形，粗1~2.5厘米；鳞茎外皮褐色至黄褐色，革质，顶端破裂，常呈纤维状。叶宽条形，扁平，光滑，常呈镰状弯曲，钝头，比花葶短，宽(3)5~15毫米。花葶粗壮，高20~40(60)厘米，粗2~4毫米，下部被叶鞘；总苞常带紫色，2裂，近与花序等长，宿存；伞形花序球状，具多而密集的花；小花梗近等长，略短于或为花被片长的2倍，基部无小苞片；花紫红色、淡紫色、淡红色至白色；花被片狭矩圆形至矩圆形，长(4.5)6~8(9.4)毫米，宽1.5~3毫米，先端钝，有时微凹缺，内轮的常稍长，或有时内、外轮的近等长；花丝锥形，比花被片长，有时可长达1倍，基部合生并与花被片贴生，但内轮花丝的贴生部分高出合生部分约0.5毫米，外轮的则略低于合生部分，合生部分高约1毫米；子房近球状，腹缝线基部具凹陷的蜜穴；花柱伸出花被外。花果期6月底至9月。

产于甘肃(西部)、青海、新疆和西藏(西部和北部)。生于海拔2500~5000米的砾石山坡、向阳的林下和草地。前苏联中亚地区、阿富汗至尼泊尔也有分布。

引自1980年《中国植物志》第14卷243页

1. 手持拍摄

2. 植株整体特写

3. 植株俯瞰

4. 植株远景特写

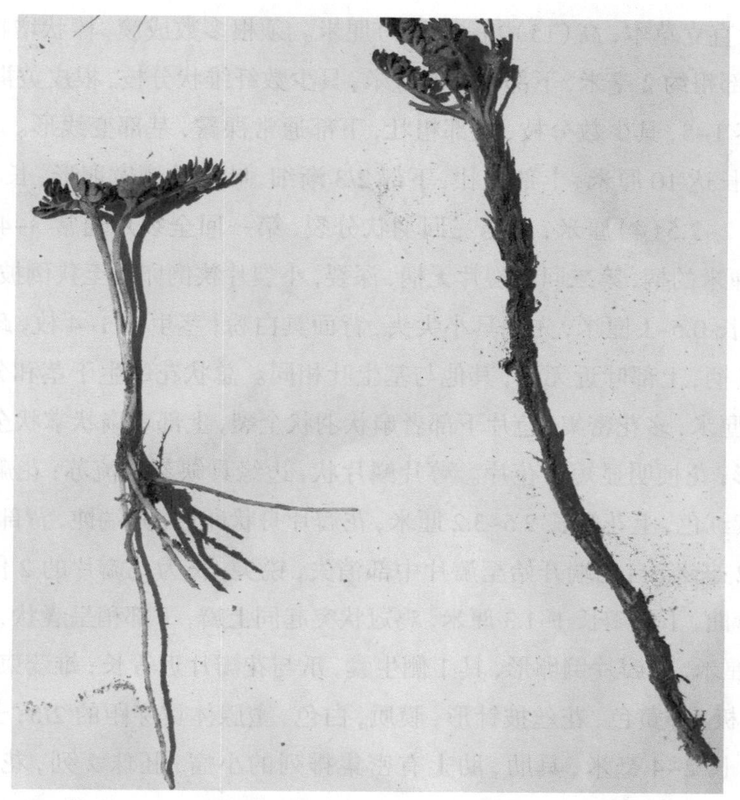

糙果紫堇

Corydalis trachycarpa Maxim.

被子植物门 Angiospermae

双子叶植物纲 Dicotyledoneae

原始花被亚纲 Archichlamydeae

罂粟目 Rhoeadales

罂粟亚目 Papaverineae

罂粟科 Papaveraceae

荷包牡丹亚科 Fumarioideae

紫堇族 Corydaleae

紫堇属 *Corydalis*

糙果紫堇组 *Sect. Fasciculatae*

粗壮直立草本，高(15)25~35(50)厘米。须根多数成簇，棒状增粗，长达8厘米，上部粗约2毫米，下部粗达5毫米，具少数纤维状分枝，根皮黄褐色，里面白色。茎1~5，具少数分枝，上部粗壮，下部通常裸露，基部变线形。基生叶少数，叶柄长达10厘米，上部粗壮，下部2/3渐细，叶片轮廓宽卵形，长2.5~3(6)厘米，宽2~2.5(4)厘米，二至三回羽状分裂，第一回全裂片通常3~4对，具长0.3~0.8厘米的柄，第二回深裂片无柄，深裂，小裂片狭倒卵形至狭倒披针形或狭椭圆形，长0.5~1厘米，先端具小尖头，背面具白粉；茎生叶1~4枚，疏离互生，下部叶具柄，上部叶近无柄，其他与基生叶相同。总状花序生于茎和分枝顶端，长3~10厘米，多花密集；苞片下部者扇状羽状全裂，上部者扇状掌状全裂，裂片均为线形；花梗明显短于苞片。萼片鳞片状，边缘具缺刻状流苏；花瓣紫色、蓝紫色或紫红色，上花瓣长2.5~3.2厘米，花瓣片舟状卵形，先端钝，背部鸡冠状突起高1~2毫米，自先端开始至瓣片中部消失，锐尖，长为花瓣片的2倍或更多，平伸或弯曲，下花瓣长1~1.3厘米，鸡冠状突起同上瓣，下部稍呈囊状，内花瓣长0.9~1.1厘米，花瓣片倒卵形，具1侧生囊，爪与花瓣片近等长；雄蕊束长7~9毫米，花药极小，黄色，花丝披针形，膜质，白色，蜜腺体贯穿距的2/5；子房绿色，椭圆形，长2~4毫米，具肋，肋上有密集排列的小瘤，胚珠2列，花柱比子房长，柱头双卵形，上端具2乳突。蒴果狭倒卵形，长0.8~1厘米，粗约3毫米，具多数淡黄色的小瘤密集排列成6条纵棱。种子少数，近圆形，黑色，具光泽。花果期4—9月。

产于甘肃(西达嘉峪关，东至夏河)、青海东部、四川西北部至西南部和西藏东北部，生于海拔2400~5200米的高山草甸、灌丛、流石滩或山坡石缝中。

引自1999年《中国植物志》第32卷195页

1. 手持拍摄

2. 植株整体特写

3. 植株俯瞰

鳞叶龙胆

Gentiana squarrosa Ledeb.

被子植物门 Angiospermae

双子叶植物纲 Dicotyledoneae

合瓣花亚纲 Sympetalae

捩花目 Contortae

龙胆科 Gentianaceae

龙胆亚科 Subfam. Gentianoideae

龙胆族 Trib. Gentianeae

龙胆亚族 Subtrib. Gentianinae

龙胆属 *Gentiana*

小龙胆组 *Sect. Chondrophylla*

卵萼系 *Ser. Orbiculatae*

一年生草本，高 2~8 厘米。茎黄绿色或紫红色，密被黄绿色有时夹杂有紫色乳突，自基部起多分枝，枝铺散，斜升。叶先端钝圆或急尖，具短小尖头，基部渐狭，边缘厚软骨质，密生细乳突，两面光滑，中脉白色软骨质，在下面突起，密生细乳突，叶柄白色膜质，边缘具短睫毛，背面具细乳突，仅连合成长 0.5~1 毫米的短筒；基生叶大，在花期枯萎，宿存，卵形、卵圆形或卵状椭圆形，长 6~10 毫米，宽 5~9 毫米；茎生叶小，外反，密集或疏离，长于或短于节间，倒卵状匙形或匙形，长 4~7 毫米，宽 1.7~3 毫米。花多数，单生于小枝顶端；花梗黄绿色或紫红色，密被黄绿色乳突、有时夹杂有紫色乳突，长 2~8 毫米，藏于或大部分藏于最上部叶中；花萼倒锥状筒形，长 5~8 毫米，外面具细乳突，萼筒常具白色膜质和绿色叶质相间的宽条纹，裂片外反，绿色，叶状，整齐，卵圆形或卵形，长 1.5~2 毫米，先端钝圆或钝，具短小尖头，基部圆形，突然收缩成爪，边缘厚软骨质，密生细乳突，两面光滑，中脉白色厚软骨质，在下面突起，并向萼筒下延成短脊或否，密生细乳突，弯缺宽，截形；花冠蓝色，筒状漏斗形，长 7~10 毫米，裂片卵状三角形，长 1.5~2 毫米，先端钝，无小尖头，褶卵形，长 1~1.2 毫米，先端钝，全缘或边缘有细齿；雄蕊着生于冠筒中部，整齐，花丝丝状，长 2~2.5 毫米，花药矩圆形，长 0.7~1 毫米；子房宽椭圆形，长 2~3.5 毫米，先端钝圆，基部渐狭成柄，柄粗，长 0.5~1 毫米，花柱柱状，连柱头长 1~1.5 毫米，柱头 2 裂，外反，半圆形或宽矩圆形。蒴果外露，倒卵状矩圆形，长 3.5~5.5 毫米，先端圆形，有宽翅，两侧边缘有狭翅，基部渐狭成柄，柄粗壮，直立，长至 8 毫米；种子黑褐色，椭圆形或矩圆形，长 0.8~1 毫米，表面有白色光亮的细网纹。花果期 4—9 月。

产于西南（除西藏）、西北、华北及东北等地区。生于山坡、山谷、山顶、干草原、河滩、荒地、路边、灌丛中及高山草甸，海拔 110~4200 米。

引自 1998 年《中国植物志》第 62 卷 197 页

1. 手持拍摄

2. 植株整体特写

3. 植株远景特写

镰形棘豆（又称镰荚棘豆）

Oxytropis falcata Bunge

被子植物门 Angiospermae

双子叶植物纲 Dicotyledoneae

原始花被亚纲 Archichlamydeae

蔷薇目 Rosales

蔷薇亚目 Rosineae

豆科 Leguminosae

蝶形花亚科 Papilionoideae

山羊豆族 Trib. Galegeae

黄耆亚族 Subtrib. Astragalinae

棘豆属 *Oxytropis*

大花棘豆亚属 *Subgen. Orobia*

镰荚棘豆组 *Sect. Falcicarpa*

多年生草本，高 1~35 厘米，具黏性和特异气味。根茎 6 毫米，直根深，暗红色。茎缩短，木质而多分枝，丛生。羽状复叶长 5~12（20）厘米；托叶膜质，长卵形，于 2/3 处与叶柄贴生，彼此合生，上部分离，分离部分披针形，先端尖，密被长柔毛和腺点；叶柄与叶轴上面有细沟，密被白色长柔毛；小叶 25~45，对生或互生，线状披针形、线形，长 5~15（20）毫米，宽 1~3（4）毫米，先端钝尖，基部圆形，上面疏被白色长柔毛，下面密被淡褐色腺点。6~10 花组成头形总状花序；花葶与叶近等长，或较叶短，直立，疏被白色长柔毛，稀有腺点；苞片草质，长圆状披针形，长 8~12 毫米，宽约 4 毫米，先端渐尖，基部圆形，密被褐色腺点和白色、黑色长柔毛，边缘具纤毛；花长 20~25 毫米；花萼筒状，长 11~16（18）毫米，宽约 3 毫米，密被白色长柔毛和黑色柔毛，密生腺点，萼齿披针形、长圆状披针形，长 3~4.5 毫米；花冠蓝紫色或紫红色，旗瓣长 18~25 毫米，瓣片倒卵形，长 15 毫米，宽 8~11 毫米，先端圆，瓣柄长 10 毫米，翼瓣长 15~22 毫米，瓣片斜倒卵状长圆形，先端斜微凹 2 裂，背部圆形，龙骨瓣长 16~18 毫米，喙长 2~2.5 毫米；子房披针形，被贴伏白色短柔毛，具短柄，含胚珠 38~46。荚果革质，宽线形，微蓝紫色，稍膨胀，略成镰刀状弯曲，长 25~40 毫米，宽 6~8 毫米，喙长 4~6 毫米，被腺点和短柔毛，隔膜宽 2 毫米，不完全 2 室；果梗短。种子多数，肾形，长 2.5 毫米，棕色。花期 5—8 月，果期 7—9 月。

产于甘肃（河西走廊及夏河、卓尼、玛曲）、青海、新疆（且末、于田）、四川（若尔盖、红原）和西藏（嘉黎、班戈、双湖、仲巴、日土）等省区。生于海拔 2700~4300 米的山坡、沙丘、河谷、山间宽谷、河漫滩草甸、高山草甸和阴坡云杉林下；在西藏多生于海拔 4500~5200 米的高山灌丛草地、山坡草地、山坡砂砾地、冰川阶地、河岸阶地上，有时成群落分布。

引自 1998 年《中国植物志》第 42(2) 卷 140 页

1. 手持拍摄

2. 植株整体特写

3. 植株远景特写

沙生风毛菊

Saussurea arenaria Maxim.

被子植物门 Angiospermae

双子叶植物纲 Dicotyledoneae

合瓣花亚纲 Sympetalae

桔梗目 Campanulales

菊科 Compositae

管状花亚科 Carduoideae

菜蓟族 Cynareae

飞廉亚族 Carduinae

风毛菊属 *Saussurea*

风毛菊亚属 *Subgen. Saussurea*

羽裂组 *Sect. Cyathidium*

多年生草本，高 3~7 厘米。根状茎有分枝，颈部被棕色纤维状撕裂的叶柄残迹。茎极短，密被白色绒毛，或无茎。叶莲座状，长圆形或披针形，超出头状花序，长 4~11 厘米，宽 1.2~3.5 厘米，顶端急尖或渐尖，基部渐狭成 1.5~4 厘米的叶柄，边缘全缘或微波状或尖锯齿，上面绿色，被蛛丝状毛及稠密腺点，下面灰白色，密被白色绒毛。头状花序单生于莲座状叶丛中。总苞宽钟状或宽卵形，直径 2~3 厘米；总苞片 5 层，外层卵状披针形，长 1.6 厘米，宽 4 毫米，顶端渐尖，外面被稀疏的白色绒毛及腺点，中层长椭圆形，长 1.6 厘米，宽 2 毫米，上部紫色且被微毛，下部几无毛，内层线形，长 2 厘米，宽 1 毫米，外面被稀疏绒毛及腺点，顶端紫色。小花紫红色，长 9 毫米，细管部长 6 毫米，檐部长 3 毫米。瘦果圆柱状，长 3 毫米，无毛。冠毛污白色，2 层，外层短，糙毛状，长 1 毫米，内层长，羽毛状，长 1.3 厘米。花果期 6—9 月。

分布于甘肃（夏河、拉卜楞）、青海（湟源）、西藏（左贡）。生于山坡、山顶及草甸或沙地、干河床，海拔 2800~4000 米。

引自 1999 年《中国植物志》第 78(2) 卷 147 页

1. 手持拍摄

2. 植株整体特写

3. 植株俯瞰

4. 植株远景特写

紫花针茅

Stipa Purpurea Griseb.

被子植物门 Angiospermae

单子叶植物纲 Monocotyledoneae

禾本目 Graminales

禾本科 Gramineae

早熟禾亚科 Pooideae

针茅族 Stipeae

针茅属 *Stipa*

须根较细而坚韧。秆细瘦，高 20~45 厘米，具 1~2 节，基部宿存枯叶鞘。叶鞘平滑无毛，长于节间；基生叶舌端钝，长约 1 毫米，秆生叶舌披针形，长 3~6 毫米，两侧下延与叶鞘边缘结合，均具有极短缘毛；叶片纵卷如针状，下面微粗糙，基生叶长为秆高的 1/2。圆锥花序较简单，基部常包藏于叶鞘内，长可达 15 厘米，分枝单生或孪生；小穗呈紫色；颖披针形，先端长渐尖，长 1.3~1.8 厘米，具 3 脉（基部或有短小脉纹）；外稃长约 1 厘米，背部遍生细毛，顶端与芒相接处具关节，基盘尖锐，长约 2 毫米，密毛柔毛，芒两回膝曲扭转，第一芒柱长 1.5~1.8 厘米，遍生长约 3 毫米的柔毛；内稃背面亦具短毛。颖果长约 6 毫米。花果期 7—10 月。

产于甘肃、新疆、西藏、青海、四川。多生于海拔 1900~5150 米的山坡草甸、山前洪积扇或河谷阶地上。帕米尔东部及前苏联中亚地区也有分布。

引自 1987 年《中国植物志》第 9(3) 卷 280 页

1. 手持拍摄

2. 植株整体特写

3. 植株远景特写

西藏微孔草

Microula tibetica Benth.

被子植物门 Angiospermae

双子叶植物纲 Dicotyledoneae

合瓣花亚纲 Sympetalae

管状花目 Tubiflorae

紫草科 Boraginaceae

紫草亚科 Subfam. Boraginoideae

齿缘草族 Trib. Eritrichieae

微孔草属 *Microula*

西藏微孔草组 *Sect. Microula*

茎缩短，高约 1 厘米，自基部有多数分枝，枝端生花序，疏被短糙毛或近无毛。叶均平展并铺地面上，匙形，长 3~13 厘米，宽 0.8~2.8 厘米，顶端圆形或钝，基部渐狭成柄，边缘近全缘或有波状小齿，上面稍密被短糙伏毛，并散生具基盘的短刚毛，下面有具基盘的白色短刚毛。花序不分枝或分枝；苞片线形或长圆状线形，长 2~20 毫米。两面有短毛，上面还有短刚毛；花梗长在 0.8 毫米以下，果期伸长并下垂，粗壮，长达 5 毫米，疏被短糙毛。花萼长约 1.5 毫米，果期长约 3 毫米，5 深裂，裂片狭三角形，外面疏被短柔毛，边缘有短睫毛；花冠蓝色或白色，无毛，檐部直径 3.2~4 毫米，裂片圆卵形，筒部长约 1.2 毫米，附属物低梯形，高约 0.3 毫米。小坚果卵形或近菱形，长 2~2.5 毫米，宽 1.6~2 毫米，有小瘤状突起，突起顶端有锚状刺毛，背孔不存在，着生面位于腹面中部或中部之上。7—9 月开花。

产于西藏（藏东南无分布）。生于海拔 4500~5300 米的湖边沙滩上，山坡流沙中或高原草地。在锡金及克什米尔地区也有分布。

引自 1989 年《中国植物志》第 64（2）卷 172 页

1. 手持拍摄

2. 植株整体特写

3. 植株远景特写

蓝白龙胆

Gentiana leucomelaea Maxim.

被子植物门 Angiospermae

双子叶植物纲 Dicotyledoneae

合瓣花亚纲 Sympetalae

捩花目 Contortae

龙胆科 Gentianaceae

龙胆亚科 Subfam. Gentianoideae

龙胆族 Trib. Gentianeae

龙胆亚族 Subtrib. Gentianinae

龙胆属 *Gentiana*

小龙胆组 *Sect. Chondrophylla*

小龙胆系 *Ser. Humiles*

一年生草本，高 1.5~5 厘米。茎黄绿色，光滑，在基部多分枝，枝铺散，斜升。基生叶稍大，卵圆形或卵状椭圆形，长 5~8 毫米，宽 2~3 毫米，先端钝圆，边缘有不明显的膜质，平滑，两面光滑，叶脉不明显，或具 1~3 条细脉，叶柄宽，光滑，长 1~2 毫米；茎生叶小，疏离，短于或长于节间，椭圆形至椭圆状披针形，稀下部叶为卵形或匙形，长 3~9 毫米，宽 0.7~2 毫米，先端钝圆至钝，边缘光滑，膜质，狭窄或不明显，叶柄光滑，连合成长 1.5~3 毫米的筒，愈向茎上部筒愈长。花数朵，单生于小枝顶端；花梗黄绿色，光滑，长 4~40 毫米，藏于最上部一对叶中或裸露，花萼钟形，长 4~5 毫米，裂片三角形，长 1.5~2 毫米，先端钝，边缘膜质，狭窄，光滑，中脉细，明显或否，弯缺狭窄，截形；花冠白色或淡蓝色，稀蓝色，外面具蓝灰色宽条纹，喉部具蓝色斑点，钟形，长 8~13 毫米，裂片卵形，长 2.5~3 毫米，先端钝，褶矩圆形，长 1.2~1.5 毫米，先端截形，具不整齐条裂；雄蕊着生于冠筒下部，整齐，花丝丝状锥形，长 2.5~3.5 毫米，花药矩圆形，长 0.7~1 毫米；子房椭圆形，长 3~3.5 毫米，先端钝，基部渐狭，柄长 1.5~2 毫米，花柱短而粗，圆柱形，长 0.5~0.7 毫米，柱头 2 裂，裂片矩圆形。蒴果外露或仅先端外露，倒卵圆形，长 3.5~5 毫米，先端圆形，具宽翅，两侧边缘具狭翅，基部渐狭，柄长至 19 毫米；种子褐色，宽椭圆形或椭圆形，长 0.6~0.8 毫米，表面具光亮的念珠状网纹。花果期 5—10 月。

产于西藏、四川、青海、甘肃、新疆。生于沼泽化草甸、沼泽地、湿草地、河滩草地、山坡草地、山坡灌丛中及高山草甸，海拔 1940~5000 米。

引自 1988 年《中国植物志》第 62 卷 212 页

1. 手持拍摄

2. 植株整体特写

3. 植株俯瞰

4. 植株远景特写

海韭菜

Triglochin maritimum Linn.

被子植物门 Angiospermae

单子叶植物纲 Monocotyledoneae

沼生目 Helobiae

眼子菜亚目 Potamogetonineae

眼子菜科 Potamogetonaceae

水麦冬属 *Triglochin*

多年生草本，植株稍粗壮。根茎短，着生多数须根，常有棕色叶鞘残留物。叶全部基生，条形，长 7~30 厘米，宽 1~2 毫米，基部具鞘，鞘缘膜质，顶端与叶舌相连。花葶直立，较粗壮，圆柱形，光滑，中上部着生多数排列较紧密的花，呈顶生总状花序，无苞片，花梗长约 1 毫米，开花后长可达 2~4 毫米。花两性；花被片 6 枚，绿色，2 轮排列，外轮呈宽卵形，内轮较狭；雄蕊 6 枚，分离，无花丝；雌蕊淡绿色，由 6 枚合生心皮组成，柱头毛笔状。蒴果 6 棱状椭圆形或卵形，长 3~5 毫米，径约 2 毫米，成熟后呈 6 瓣开裂。花果期 6—10 月。

产于东北、华北、西北、西南各省区。生于湿沙地或海边盐滩上。也广布于北半球温带及寒带。

引自 1992 年《中国植物志》第 8 卷 040 页

1. 地上部分特写

2. 地下部分特写

3. 植株整体特写

4. 植株远景特写

梭罗草

Roegneria thoroldiana（Oliv.）Keng

被子植物门 Angiospermae

单子叶植物纲 Monocotyledoneae

禾本目 Graminales

禾本科 Gramineae

早熟禾亚科 Pooideae

小麦族 Triticeae

鹅观草属 *Roegneria*

拟冰草组 *Sect. Paragropyron*

梭罗草系 *Ser. Thoroldianae*

植株低矮，密丛；秆高12~15厘米，具1~2节，紧接花序以下平滑无毛。叶鞘平滑无毛，疏松裹茎；叶片内卷呈针状，长2~5厘米（分蘖叶片长可达8厘米），宽2~3.5毫米，上面及边缘粗糙，近基部疏生软毛，下面平滑无毛。穗状花序卵圆形或长圆状卵圆形，长3~4厘米，宽1~1.5厘米；小穗紧密排列而偏于一侧，长10~13毫米，含4~6朵小花，颖圆状披针形，先端锐尖或渐尖至具短尖头，具有柔毛尤以上部为多，第一颖长5~6毫米，具3脉，稀少有具4脉，第二颖长6~7毫米，常具5脉；外稃密生柔毛，具5脉，第一外稃长7~8毫米，先端具长1~2.5毫米的小尖头；内稃稍短于外稃，先端下凹或2裂，脊上部具硬长纤毛，下部1/3其毛渐短，至基部则渐渐消失；花药黑色。

产于甘肃、青海、西藏等省区。生于海拔4700~5100米的山坡草地、谷底多沙处以及河岸坡地、滩地。

引自1987年《中国植物志》第9(3)卷098页

1. 手持拍摄

2. 植株整体特写

3. 植株俯瞰

4. 植株远景特写

细叶亚菊

Ajania tenuifolia(Jacq.)Tzvel.

被子植物门 Angiospermae

双子叶植物纲 Dicotyledoneae

合瓣花亚纲 Sympetalae

桔梗目 Campanulales

菊科 Compositae

管状花亚科 Carduoideae

春黄菊族 Anthemideae

菊亚族 Chrysantheminae

亚菊属 *Ajania*

褐苞组 *Sect. Phaeoscyphus*

细裂系 *Ser. Tibeticae Tzvel.*

多年生草本，高 9~20 厘米。根茎短，发出多数的地下匍茎和地上茎。匍茎上生稀疏的宽卵形浅褐色的苞鳞。茎自基部分枝，分枝弧形斜升或斜升。茎枝被短柔毛，上部及花序梗上的毛稠密。叶二回羽状分裂。全形半圆形或三角状卵形或扇形，长宽 1~2 厘米，通常宽大于长。一回侧裂片 2~3 对。末回裂片长椭圆形或倒披针形，宽 0.5~2 毫米，顶端钝或圆。自中部向下或向上叶渐小。全部叶两面同色或几同色或稍异色。上面淡绿色，被稀疏的长柔毛，或稍白色或灰白色而被较多的毛，下面白色或灰白色，被稠密的顺向贴伏的长柔毛。叶柄长 0.4~0.8 厘米。头状花序少数在茎顶排成直径 2~3 厘米的伞房花序。总苞钟状，直径约 4 毫米。总苞片 4 层，外层披针形，长 2.5 毫米，中内层椭圆形至倒披针形，长 3~4 毫米。仅外层被稀疏的短柔毛，其余无毛。全部苞片顶端钝，边缘宽膜质。膜质内缘棕褐色，膜质外缘无色透明。边缘雌花 7~11 朵，细管状，花冠长 2 毫米，顶端 2~3 齿裂。两性花冠状，长为 3~4 毫米。全部花冠有腺点。花果期 6—10 月。

产于甘肃中部、四川西北部、西藏东部及青海。生于山坡草地，海拔 2000~4580 米。印度西北部也有分布。

引自 1983 年《中国植物志》第 76（1）卷 112 页

1. 植株整体特写

2. 植株俯瞰

3. 植株远景特写

无毛狭果葶苈

Draba stenocarpa var. *leiocarpa*（Lipsky）L. L. Lou

被子植物门 Angiospermae

双子叶植物纲 Dicotyledoneae

原始花被亚纲 Archichlamydeae

罂粟目 Rhoeadales

白花菜亚目 Capparineae

十字花科 Cruciferae

葶苈族 Trib. Drabeae

葶苈属 *Draba*

短柱葶苈组 *Sect. Drabella*

狭果葶苈 *Draba stenocarpa*

一年或二年生草本，高 4~40 厘米。茎直立或稍弯，单一或分枝，绿色或略带紫色，下部常多少密生叉状毛、星状毛和分枝毛，有叶 1~8 片，或稍多，基生叶莲座状，长椭圆形或倒卵形，顶端稍尖，基部缩窄成柄，全缘或有 1~3 锯齿；茎生叶披针形或长卵形，长约 17 毫米，宽 7~10 毫米，顶端渐尖，基部无柄，两缘有 1~3 锯齿，上面密生单毛为主，下面混生分枝毛、星状毛和叉状毛。总状花序有花 10–60 朵，呈伞房状，开花时疏松，结实时显著伸长；萼片长椭圆形，长约 2 毫米，背面有单毛或星状毛；花瓣黄色或淡白色，倒楔形或匙形，长 3.5~4 毫米，顶端微凹；雄蕊长 2~2.2 毫米，花药近于四方形；雌蕊长圆形或条形，子房有毛，花柱几乎不发育。短角果条状，长 7~19 毫米，宽约 2 毫米，顶端稍钝；果瓣薄，有毛；果梗长 3~7 毫米。种子卵形，褐色。花期 6 月。

产于甘肃、青海、新疆、四川、西藏。生于河滩坡地、石岩边阴处及林缘，海拔 3600~5479 米。克什米尔地区、阿富汗及前苏联均有分布。

引自 1987 年《中国植物志》第 33 卷 176 页

1. 手持拍摄

2. 植株整体特写

青藏大戟

Euphorbia altotibetica O. Pauls.

被子植物门 Angiospermae

双子叶植物纲 Dicotyledoneae

原始花被亚纲 Archichlamydeae

大戟目 Euphorbiales

大戟亚目 Euphorbiineae

大戟科 Euphorbiaceae

大戟亚科 Subfam. Euphorbioideae

大戟族 Trib. Euphorbieae

大戟属 *Euphorbia*

乳浆大戟亚属 *Subgen. Esula*

中亚大戟组 *Sect. Chylogala*

多年生草本，全株光滑无毛。根粗线状，单一不分枝，长 8~20 厘米，直径 3~6 毫米。茎直立，中下部单一不分枝，上部二歧分枝，高 20~30 厘米。叶互生，于茎下部较小，向上渐大，常呈长方形，间有卵状长方形，长 2~3 厘米，宽 1~1.5 厘米，先端浅波状或具齿，基部近平截或略呈浅凹；侧脉不明显；近无叶柄；总苞叶 3~5 枚，长与宽均 2~3 厘米，近卵形；伞幅 3~5 条，长 3.5~5.0 厘米；苞叶 2 枚，同总苞叶，但较小。花序单生，阔钟状，高约 3.5 毫米，直径 5~6 毫米，边缘 5 裂，裂片长圆形，先端 2 裂或近浅波状，不明显；腺体 5，横肾形，暗褐色。雄花多枚，明显伸出总苞外；雌花 1 朵，子房柄较长，长达 3~5 毫米，明显伸出总苞外；子房光滑；花柱 3，分离；柱头不分裂。蒴果卵球状，长约 5 毫米，直径 4~5 毫米，果柄长 8~10 毫米；成熟时分裂为 3 个分果片；花柱宿存。种子卵球状，长约 3 毫米，直径约 2 毫米，灰褐色，光滑无皱纹，腹面具不明显的脊纹；种阜尖头状，无柄。花果期 5—7 月。

产于宁夏（盐池）、甘肃（高台、酒泉）、青海和西藏。生于海拔 2800~3900 米的山坡、草丛及湖边。

引自 1997 年《中国植物志》第 44（3）卷 073 页

1. 白纸背景

2. 手持拍摄

3. 植株整体特写

西藏棱子芹

Pleurospermum hookeri

C. B. Clarke var. *thomsonii* C. B. Clarke

被子植物门 Angiospermae

双子叶植物纲 Dicotyledoneae

原始花被亚纲 Archichlamydeae

伞形目 Umbelliflorae

伞形科 Umbelliferae

芹亚科 Apioideae

美味芹族 Smyrnieae

棱子芹属 *Pleurospermum Pleurospermum hookeri*

多年生草本，高 20~40 厘米，全体无毛。根较粗壮，暗褐色，直径 4~6 毫米。茎直立，单一或数茎丛生，圆柱形，有条棱。基生叶多数，连柄长 10~20 厘米，叶柄基部扩展呈鞘状抱茎；叶片轮廓三角形，2~3 回羽状分裂，羽片 7~9 对，一回羽片披针形或卵状披针形，最下一对羽片有明显的柄，向上逐渐变短，羽片长达 3~5 厘米，宽 1.5~2.5 厘米，末回裂片宽楔形，长宽各 5 毫米左右，羽状深裂呈线形小裂片；茎上部的叶少数，简化，叶柄常常只有膜质的鞘状部分。复伞形花序顶生，直径 5~7 厘米；总苞片 5~7，披针形或线状披针形，长 1.5~2.5 厘米，顶端尾状分裂，边缘淡褐色透明膜质；伞辐 6~12，长 2~4 厘米，有条棱；小总苞片 7~9，与总苞片同形，略比花长；花多数，花柄长约 5 毫米，扁平；花白色，花瓣近圆形，直径 1~1.2 毫米，顶端有内折的小舌片，基部有短爪；萼齿明显，狭三角形，长约 1 毫米；花药暗紫色。果实卵圆形，长 3~4 毫米，果棱有狭翅，每棱槽有油管 3，合生面 6。花期 8 月，果期 9—10 月。

产于西藏、云南西北部、四川西北部、青海南部和甘肃等省（区）。生长于海拔 3500~4500 米的山梁草坡上。

引自 1979 年《中国植物志》第 55（1）卷 140 页

1. 手持拍摄

2. 植株整体特写

锡金岩黄耆

Hedysarum sikkimense Benth. ex Baker

被子植物门 Angiospermae

双子叶植物纲 Dicotyledoneae

原始花被亚纲 Archichlamydeae

蔷薇目 Rosales

蔷薇亚目 Rosineae

豆科 Leguminosae

蝶形花亚科 Papilionoideae

岩黄耆族 Trib. Hedysareae

岩黄耆属 *Hedysarum*

扁荚组 *Sect. Obscura*

多年生草本，高 5~15 厘米。根为直根系，肥厚，粗达 1~2 厘米，外皮暗褐色，淡甘甜；根颈向上分枝，形成仰卧的地上茎。茎被短柔毛和深沟纹，无明显的分枝。托叶宽披针形，棕褐色干膜质，6~8 毫米长，合生至上部，外被疏柔毛；小叶通常 17~23 片，具长约 1 毫米的短柄；小叶片长圆形或卵状长圆形，长 7~12 毫米，宽 3~5 毫米，先端钝，具短尖头或有时具缺刻，基部圆楔形，上面无毛，下面沿主脉和边缘被疏柔毛。总状花序腋生，明显超出叶，花序轴和总花梗被短柔毛；花一般 7~15 朵，长 12~14 毫米，外展，常偏于一侧着生，具 1~3 毫米长的花梗；苞片披针状卵形，先端渐尖，外被柔毛；花萼钟状，长 4~6(8) 毫米，萼筒暗污紫色，半透明，萼齿绿色，狭披针形，近等长或有时下萼齿稍长，等于或稍长于萼筒，外被柔毛；花冠紫红色或后期变为蓝紫色，旗瓣倒长卵形，长为 12~13 毫米，先端圆形，微凹，翼瓣线形，长约等于旗瓣，常被短柔毛，龙骨瓣长于旗瓣 1~2 毫米或初花时几相等，沿前下角有时被短柔毛；子房线形，扁平，初花时仅沿腹缝线被短柔毛，花后期被密的伏贴柔毛。荚果 1~2 节，节荚近圆形、椭圆形或倒卵形，长 8~9 毫米，宽 6~7 毫米，被短柔毛，边缘常具不规则齿。种子圆肾形，黄褐色，长约 2 毫米，宽约 1.5 毫米。花期 7—8 月，果期 8—9 月。

该种主要为喜马拉雅东部针叶林区的高山种，主要分布于横断山的四川西部、西藏东部和东喜马拉雅山地。生于高山干燥阳坡的高山草甸和高寒草原、疏灌丛以及各种砂砾质干燥山坡。也分布于锡金。

引自1998年《中国植物志》第42(2)卷201页

1. 手持拍摄

2. 植株整体特写

3. 植株俯瞰

4. 植株远景特写

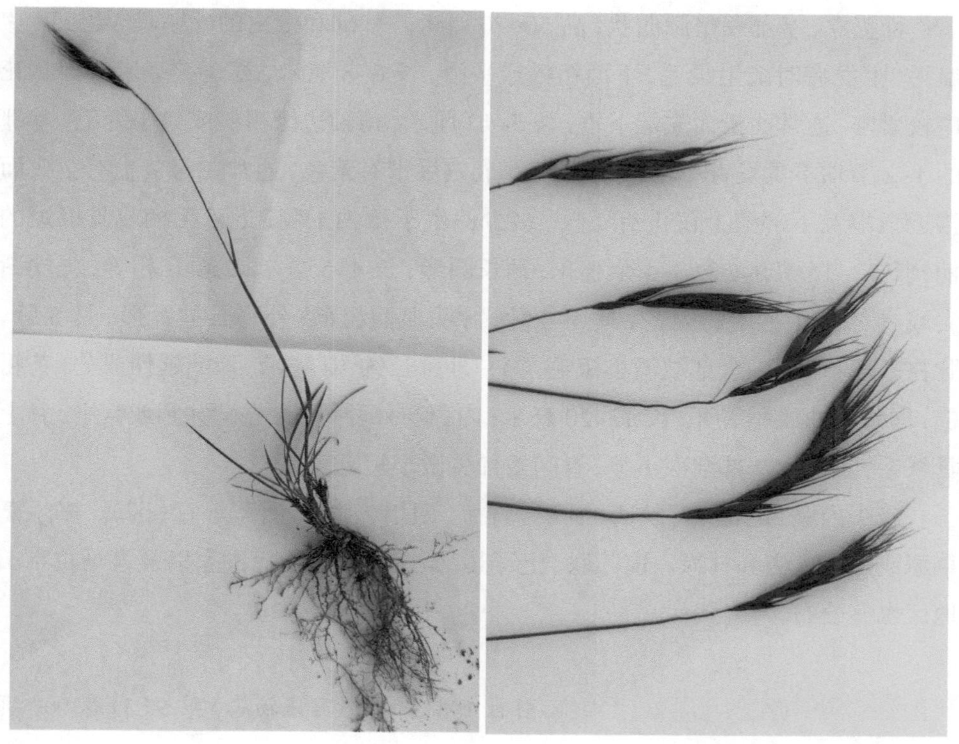

垂穗披碱草

Elymus nutans Griseb.

被子植物门 Angiospermae

单子叶植物纲 Monocotyledoneae

禾本目 Graminales

禾本科 Gramineae

早熟禾亚科 Pooideae

小麦族 Triticeae

披碱草属 *Elymus*

秆直立，基部稍呈膝曲状，高50~70厘米。基部和根出的叶鞘具柔毛；叶片扁平，上面有时疏生柔毛，下面粗糙或平滑，长6~8厘米，宽3~5毫米。穗状花序较紧密，通常曲折而先端下垂，长5~12厘米，穗轴边缘粗糙或具小纤毛，基部的1~2节均不具发育小穗；小穗绿色，成熟后带有紫色，通常在每节生有2枚而接近顶端及下部节上仅生有1枚，多少偏生于穗轴1侧，近于无柄或具极短的柄，长12~15毫米，含3~4朵小花；颖长圆形，长4~5毫米，2颖几相等，先端渐尖或具长1~4毫米的短芒，具3~4脉，脉明显而粗糙；外稃长披针形，具5脉，脉在基部不明显，全部被微小短毛，第一外稃长约10毫米，顶端延伸成芒，芒粗糙，向外反曲或稍展开，长12~20毫米；内稃与外稃等长，先端钝圆或截平，脊上具纤毛，其毛向基部渐次不显，脊间被稀少微小短毛。

产于内蒙古、河北、陕西、甘肃、青海、四川、新疆、西藏等省（区）。多生于草原或山坡道旁和林缘。前苏联、土耳其、蒙古国和印度等国家以及喜马拉雅山地区也有分布。

引自1987年《中国植物志》第9(3)卷009页

1. 手持拍摄

2. 植株整体特写

西伯利亚蓼

Polygonum sibiricum Laxm.

被子植物门 Angiospermae

双子叶植物纲 Dicotyledoneae

原始花被亚纲 Archichlamydeae

蓼目 Polygonales

蓼科 Polygonaceae

蓼亚科 Subfam. Polygonoideae

蓼族 Trib. Polygoneae

蓼属 *Polygonum*

分叉蓼组 *Sect. Aconogonon*

多年生草本，高10~25厘米。根状茎细长。茎外倾或近直立，自基部分枝，无毛。叶片长椭圆形或披针形，无毛，长5~13厘米，宽0.5~1.5厘米，顶端急尖或钝，基部戟形或楔形，边缘全缘，叶柄长8~15毫米；托叶鞘筒状，膜质，上部偏斜，开裂，无毛，易破裂。花序圆锥状，顶生，花排列稀疏，通常间断；苞片漏斗状，无毛，通常每1苞片内具4~6朵花；花梗短，中上部具关节；花被5深裂，黄绿色，花被片长圆形，长约3毫米；雄蕊7~8，稍短于花被，花丝基部较宽，花柱3，较短，柱头头状。瘦果卵形，具3棱，黑色，有光泽，包于宿存的花被内或凸出。花果期6—9月。

产于黑龙江、吉林、辽宁、内蒙古、河北、山西、山东、河南、陕西、甘肃、宁夏、青海、新疆、安徽、湖北、江苏、四川、贵州、云南和西藏。生于路边、湖边、河滩、山谷湿地、沙质盐碱地，海拔3000~5100米。蒙古国、俄罗斯（西伯利亚、远东）、哈萨克斯坦等国家以及喜马拉雅山地区也有分布。

引自1998年《中国植物志》第25（1）卷089页

1. 手持拍摄

2. 植株整体特写

毛茛

Ranunculus japonicus Thunb.

被子植物门 Angiospermae

双子叶植物纲 Dicotyledoneae

原始花被亚纲 Archichlamydeae

毛茛目 Ranales

毛茛科 Ranunculaceae

毛茛亚科 Subfam. Ranunculoideae

毛茛族 Trib. Ranunculeae

毛茛亚族 Subtrib. Ranunculinae

毛茛属 *Ranunculus*

毛茛组 *Sect. Ranunculus*

多年生草本。须根多数簇生。茎直立，高30~70厘米，中空，有槽，具分枝，生开展或贴伏的柔毛。基生叶多数；叶片圆心形或五角形，长及宽为3~10厘米，基部心形或截形，通常3深裂不达基部，中裂片倒卵状楔形或宽卵圆形或菱形，3浅裂，边缘有粗齿或缺刻，侧裂片不等地2裂，两面贴生柔毛，下面或幼时的毛较密；叶柄长达15厘米，生开展柔毛。下部叶与基生叶相似，渐向上叶柄变短，叶片较小，3深裂，裂片披针形，有尖齿牙或再分裂；最上部叶线形，全缘，无柄。聚伞花序有多数花，疏散；花直径1.5~2.2厘米；花梗长达8厘米，贴生柔毛；萼片椭圆形，长4~6毫米，生白柔毛；花瓣5，倒卵状圆形，长6~11毫米，宽4~8毫米，基部有长约0.5毫米的爪，蜜槽鳞片长1~2毫米；花药长约1.5毫米；花托短小，无毛。聚合果近球形，直径6~8毫米；瘦果扁平，长2~2.5毫米，上部最宽处与长近相等，约为厚的5倍，边缘有宽约0.2毫米的棱，无毛，喙短直或外弯，长约0.5毫米。花果期4—9月。

除西藏外，在我国各省（区）广布。生于田沟旁和林缘路边的湿草地上，海拔200~2500米。朝鲜、日本、前苏联远东地区也有分布。

引自1980年《中国植物志》第28卷312页

1. 手持拍摄

2. 植株整体特写

鸢尾

Iris tectorum Maxin

被子植物门 Angiospermae

单子叶植物纲 Monocotyledoneae

百合目 Liliflorae

百合亚目 Subordo Liliineae

鸢尾科 Iridaceae

鸢尾属 *Iris*

鸡冠状附属物亚属 *Subgen. Crossiris*

鸡冠状附属物组 *Sect. Crossiris*

多年生草本，植株基部围有老叶残留的膜质叶鞘及纤维。根状茎粗壮，二歧分枝，直径约1厘米，斜伸；须根较细而短。叶基生，黄绿色，稍弯曲，中部略宽，宽剑形，长15~50厘米，宽1.5~3.5厘米，顶端渐尖或短渐尖，基部鞘状，有数条不明显的纵脉。花茎光滑，高20~40厘米，顶部常有1~2个短侧枝，中、下部有1~2枚茎生叶；苞片2~3枚，绿色，草质，边缘膜质，色淡，披针形或长卵圆形，长5~7.5厘米，宽2~2.5厘米，顶端渐尖或长渐尖，内包含有1~2朵花；花蓝紫色，直径约10厘米；花梗甚短；花被管细长，长约3厘米，上端膨大成喇叭形，外花被裂片圆形或宽卵形，长5~6厘米，宽约4厘米，顶端微凹，爪部狭楔形，中脉上有不规则的鸡冠状附属物，成不整齐的繸状裂，内花被裂片椭圆形，长4.5~5厘米，宽约3厘米，花盛开时向外平展，爪部突然变细；雄蕊长约2.5厘米，花药鲜黄色，花丝细长，白色；花柱分枝扁平，淡蓝色，长约3.5厘米，顶端裂片近四方形，有疏齿，子房纺锤状圆柱形，长1.8~2厘米。蒴果长椭圆形或倒卵形，长4.5~6厘米，直径2~2.5厘米，有6条明显的肋，成熟时自上而下3瓣裂；种子黑褐色，梨形，无附属物。花期4—5月，果期6—8月。

产于山西、安徽、江苏、浙江、福建、湖北、湖南、江西、广西、陕西、甘肃、四川、贵州、云南、西藏。生于向阳坡地、林缘及水边湿地。

引自1985年《中国植物志》第16(1)卷180页

1. 手持拍摄

2. 植株整体特写

葵花大蓟

Cirsium souliei (Frach.)Mattf.

被子植物门 Angiospermae

双子叶植物纲 Dicotyledoneae

合瓣花亚纲 Sympetalae

桔梗目 Campanulales

菊科 Compositae

管状花亚科 Carduoideae

菜蓟族 Cynareae

飞廉亚族 Carduinae

蓟属 *Cirsium*

魁蓟组 *Sect. Isolepis Shih*

多年生铺散草本。主根粗壮，直伸，生多数须根。茎基粗厚，无主茎，顶生多数或少数头状花序，外围以多数密集排列的莲座状叶丛。全部叶基生，莲座状，长椭圆形、椭圆状披针形或倒披针形，羽状浅裂、半裂、深裂至几全裂，长8~21厘米，宽2~6厘米，有长1.5~4厘米的叶柄，两面同色，绿色，下面色淡，沿脉有多细胞长节毛；侧裂片7~11对，中部侧裂片较大，向上和向下的侧裂片渐小，有时基部侧裂片为针刺状，除基部侧裂片为针刺状的以外，全部侧片卵状披针形、偏斜卵状披针形、半椭圆形或宽三角形，边缘有针刺或大小不等的三角形刺齿，而齿顶有针刺一，全部针刺长2~5毫米。花序梗上的叶小，苞叶状，边缘针刺或浅刺齿裂。头状花序多数或少数集生于茎基顶端的莲座状叶丛中，花序梗极短（长5~8毫米）或几无花序梗。总苞宽钟状，无毛。总苞片3~5层，镊合状排列，或至少不呈明显的覆瓦状排列，近等长，中外层长三角状披针形或钻状披针形，包括顶端针刺长1.8~2.3厘米，不包括边缘针刺宽1~2毫米；内层及最内层披针形，长达2.5厘米，顶端渐尖状，长达5毫米的针刺或膜质渐尖而无针刺，全部苞片边缘有针刺，针刺斜升或贴伏，长2~3毫米，或最内层边缘有刺痕而不形成明显的针刺。小花紫红色，花冠长2.1厘米，檐部长8毫米，不等5浅裂，细管部长1.3厘米。瘦果浅黑色，长椭圆状倒圆锥形，稍压扁，长5毫米，宽2毫米，顶端截形。冠毛白色或污白色或稍带浅褐色；冠毛刚毛多层，基部连合成环，整体脱落，向顶端渐细，长羽毛状，长达2厘米。花果期7—9月。

分布于甘肃、青海、四川、西藏。生于山坡路旁、林缘、荒地、河滩地、田间、水旁潮湿地，海拔1930~4800米。

引自1987年《中国植物志》第78(1)卷086页

1. 手持拍摄

2. 植株整体特写

西藏风毛菊

Saussurea tibetica C.Winkl

被子植物门 Angiospermae

双子叶植物纲 Dicotyledoneae

合瓣花亚纲 Sympetalae

桔梗目 Campanulales

菊科 Compositae

管状花亚科 Carduoideae

菜蓟族 Cynareae

飞廉亚族 Carduinae

风毛菊属 *Saussurea*

风毛菊亚属 *Subgen. Saussurea*

全叶组 *Sect. Pycnocephala*

多年生直立草本，高 10~16 厘米。茎禾秆色，密被灰白色长柔毛，有棱。叶线形，长 3~8 厘米，宽 1~3 毫米，两面被灰白色长柔毛，下面的毛较密，边缘全缘，内卷，顶端急尖，基部扩大鞘状抱茎。头状花序 2 个，生茎枝顶端。总苞倒圆锥状，直径 2~3 厘米；总苞片 4 层，紫色，外层长圆状卵形，长 8 毫米，宽 3~5 毫米，顶端渐尖，外面密被白色长柔毛，中层线状披针形，长 1~1.2 厘米，宽 2~3 毫米，顶端渐尖或急尖，外面被白色长柔毛，内层线形，长 1.1 厘米，宽 1 毫米，顶端渐尖，外面无毛。小花紫色，长 9~11 毫米，细管部长 6~7 毫米，檐部长 3~4 毫米。瘦果倒卵状长圆形，长 3.5 毫米，顶端有小冠，无毛。冠毛污白色或淡黄褐色，2 层，长 1~2 毫米，糙毛状，外层羽毛状，长 7~8 毫米。花果期 7—8 月。

分布于西藏、青海（麦积山），海拔 4500 米。

引自 1999 年《中国植物志》第 78（2）卷 122 页

1. 植株整体特写

2. 植株俯瞰

多刺绿绒蒿

Meconopsis horridula Hook. f. et Thoms.

被子植物门 Angiospermae

双子叶植物纲 Dicotyledoneae

原始花被亚纲 Archichlamydeae

罂粟目 Rhoeadales

罂粟亚目 Papaverineae

罂粟科 Papaveraceae

罂粟亚科 Papaveroideae

罂粟族 Papavereae

绿绒蒿属 *Meconopsis*

绿绒蒿亚属 *Subg. Meconopsis*

单花绿绒蒿组 *Sect. Simplicifoliae*（Tayl.）C. Y. Wu et H. Chuang

长果绿绒蒿系 *Ser. Delavayanae*

一年生草本，全体被黄褐色或淡黄色、坚硬而平展的刺，刺长0.5~1厘米。主根肥厚而延长，圆柱形，长达20厘米或更多，上部粗1~1.5厘米，果时达2厘米。叶全部基生，叶片披针形，长5~12厘米，宽约1厘米，先端钝或急尖，基部渐狭而入叶柄，边缘全缘或波状，两面被黄褐色或淡黄色平展的刺；叶柄长0.5~3厘米。花葶5~12个或更多，长10~20厘米，坚硬，绿色或蓝灰色，密被黄褐色平展的刺，有时花葶基部合生。花单生于花葶上，半下垂，直径2.5~4厘米；花芽近球形，直径约1厘米或更大；萼片外面被刺；花瓣5~8，有时4，宽倒卵形，长1.2~2厘米，宽约1厘米，蓝紫色；花丝丝状，长约1厘米，色比花瓣深，花药长圆形，稍旋扭；子房圆锥状，被黄褐色平伸或斜展的刺，花柱长6~7毫米，柱头圆锥状。蒴果倒卵形或椭圆状长圆形，稀宽卵形，长1.2~2.5厘米，被锈色或黄褐色、平展或反曲的刺，刺基部增粗，通常3~5瓣自顶端开裂至全长的1/3~1/4。种子肾形，种皮具窗格状网纹。花果期6—9月。

产于甘肃西部、青海东部至南部、四川西部、西藏（广泛分布），生于海拔3600~5100米的草坡。

引自1999年《中国植物志》第32卷046页

1. 手持拍摄

2. 植株整体特写

腺点柔毛蓼

Polygonum sparsipilosum A. J. Li var. *hubertii* (Lingelsh.) A. J. Li

被子植物门 Angiospermae

双子叶植物纲 Dicotyledoneae

原始花被亚纲 Archichlamydeae

蓼目 Polygonales

蓼科 Polygonaceae

蓼亚科 Subfam. Polygonoideae

蓼族 Trib. Polygoneae

蓼属 *Polygonum*

头状蓼组 *Sect. Cephalophilon*

柔毛蓼 *Polygonum sparsipilosum*

一年生草本。茎细弱，高 10~30 厘米，上升或外倾，具纵棱，分枝，疏生柔毛或无毛。叶宽卵形，长 1~1.5 厘米，宽 0.8~1 厘米，顶端圆钝，基部宽楔形或近截形，纸质，两面疏生柔毛，边缘具缘毛；叶柄长 4~8 毫米；托叶鞘筒状，开裂，基部密生柔毛。花序头状，顶生或腋生，苞片卵形，膜质，每苞内具 1 花；花梗短；花被 4 深裂，白色，花被片宽椭圆形，长约 2 毫米，大小不相等；能育雄蕊 2~5，花药黄色；花柱 3，极短，柱头头状。瘦果卵形，具 3 棱，长约 2 毫米，黄褐色，微有光泽，包于宿存花被内。花期 6—7 月，果期 8—9 月。

产于陕西、甘肃、青海、四川及西藏。生于山坡草地、山谷湿地，海拔 2300~4300 米。

引自 1998 年《中国植物志》第 25(1)卷 065 页

1. 手持拍摄

2. 植株整体特写

3. 植株远景特写

囊距翠雀花

Delphinium brunonianum Royle

被子植物门 Angiospermae

双子叶植物纲 Dicotyledoneae

原始花被亚纲 Archichlamydeae

毛茛目 Ranales

毛茛科 Ranunculaceae

金莲花亚科 Subfam. Helleboroideae

翠雀族 Trib. Delphineae

翠雀属 *Delphinium*

翠雀亚属 *Subgen. Delphinastrum*

密花翠雀花组 *Sect. Elatopsis*

囊距翠雀花亚组 *Subsect. Subumbellata*

茎高 10~22（34）厘米，被开展的白色短柔毛常混有黄色腺毛，有时变无毛。基生叶和茎下部叶有长柄；叶片肾形，长 2.2~4.2 厘米，宽 5.2~8.5 厘米，基部突呈楔形，掌状深裂或达基部，一回裂片彼此稍覆压或邻接，有缺刻状小裂片和粗牙齿，两面疏被短柔毛；叶柄长 3~9.5 厘米。花序有 2~4 朵花；花梗直展，长 5.5~7 厘米，密被白色短柔毛和黄色短腺毛；小苞片生花梗中部或上部，椭圆形或长圆形，长 1.7~2 厘米，通常全缘；萼片宿存，蓝紫色，上萼片船状圆卵形，长 1.8~3 厘米，宽 1.7~2.2 厘米，两面均被绢状柔毛，距短，囊状或圆锥状，长 6~10 毫米，偶尔圆锥形，长达 2 厘米，基部粗 6~9 毫米，末端钝；花瓣顶端二浅裂，疏被糙毛；退化雄蕊有长爪，瓣片长约 7 毫米，宽约 3.5 毫米，二深裂，腹面有黄色髯毛；雄蕊无毛；心皮 4~5，子房疏被短柔毛。蓇葖长约 1.6 厘米；种子扁四面体形，长约 2 毫米，沿棱有翅。8 月开花。

在我国产于西藏南部。生于海拔 4500~6000 米的草地或多石处。

引自 1979 年《中国植物志》第 27 卷 365 页

1. 手持拍摄

2. 植株整体特写

垫状驼绒藜

Ceratoides compacta（Losinsk.）Tsien

被子植物门 Angiospermae

双子叶植物纲 Dicotyledoneae

原始花被亚纲 Archichlamydeae

中央种子目 Centrospermae

藜科 Chenopodiaceae

环胚亚科 Cyclolobeae

滨藜族 Atripliceae

驼绒藜属 *Ceratoides*

植株矮小，垫状，秆高 10~25 厘米，具密集的分枝；老枝较短，粗壮，密被残存的黑色叶柄，一年生枝长 1.5~3（5）厘米。叶小，密集，叶片椭圆形或矩圆状倒卵形，长约 1 厘米，宽约 3 毫米，先端圆形，基部渐狭，边缘向背部卷折；叶柄几与叶片等长，扩大下陷呈舟状，抱茎；后期叶片从叶柄上端脱落，柄下部宿存。雄花序短而紧密，头状。雌花管矩圆形，长约 0.5 厘米，上端具两个大而宽的兔耳状裂片，其长几与管长相等或较管稍长，先端圆形，向下渐狭，平展，果时管外被短毛。果椭圆形，被毛。花果期 6—8 月。

该种为高海拔地区的垫状灌丛，通常生于海拔 3500~5000 米的山坡或砾石地区。主要产于我国甘肃（祁连山）、青海、新疆和西藏。帕米尔东部地区也有分布。

引自 1979 年《中国植物志》第 25（2）卷 027 页